U0050856

日本國政發展

——軍事的觀點

The Development of National Policy in Japan: From the Military View

—張嘉中◎著—

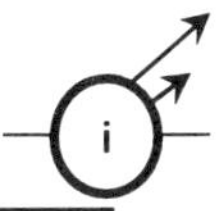

「亞太研究系列」總序

「二十一世紀是亞太的世紀」，這句話不斷地被談起，代表著自信與驕傲。但是亞太地區絕非如此單純，未來發展亦非一定樂觀，它的複雜早已以不同形態呈現在世人面前，在開啓新世紀的同時，以沉靜的心境，深刻的瞭解與解決亞太區域的問題，或許才是我們在面對亞太時應有的態度。

亞太地區有著不同內涵的多元文化色彩，在這塊土地上有著天主教、基督教、佛教、回教等不同的宗教信仰；有傳承西方文明的美加澳紐、代表儒教文明的中國、混合儒佛神教文明的日本，以及混雜著不同文明的東南亞後殖民地區。文化的衝突不止在區域間時有發生，在各國內部亦時有所聞，並以不同的面貌形式展現它們的差異。

美加澳紐的移民問題挑戰著西方主流社會的民族融合概念，它反證著多元化融合的觀念只是適用於西方的同文明信仰者，先主後從，主尊客卑，白優黃劣仍是少數西方人面對東方移民時無法拋棄的心理情結。西藏問題已不再是單純的內部民族或政經社會議題，早已成爲國際上的重要課題與工具。兩岸中國人與日韓三方面的恩怨情仇，濃得讓人難以下嚥，引發的社會政治爭議難以讓社會平靜。馬來西亞的第二代、第三代，或已經是第好幾代的華人，仍有著永遠無法在以回教爲國教的祖國裡當家作主的無奈，這些不同的民族與族群問題，讓亞太地區的社會潛伏著不安的危機。

亞太地區的政治形態也是多重的。有先進的民主國家；也有的趕上了二十世紀末的民主浪潮，從威權走向民主，但其中有的仍無法擺脫派系金權，有的仍舊依靠地域族群的支持來建構其政權的合法性，它們有著美麗的民主外衣，但骨子裡還是甩不掉威權時期的心態與習性；有的標舉著社會主義的旗幟，走的卻是資本主義的道路；有的高喊民主主義的口號，但行的卻是軍隊操控選舉與內閣；有的自我認定是政黨政治，但在別人眼中卻是不折不扣的一黨專政，這些就是亞太地區的政治形態寫照，不同地區的人民有著不同的希望與訴求，菁英分子在政治格局下的理念與目標也有著顯著的差異，命運也有不同，但整個政治社會仍在不停的轉動，都在向「人民爲主」的方向轉，但是轉的方向不同、速度有快有慢。

亞太地區各次級區域有著潛在的軍事衝突，包括位於東北亞的朝鮮半島危機；東亞中介區域的台海兩岸軍事衝突；以及東南亞的南海領土主權爭議等等。這些潛在的軍事衝突，背後有著強權大國的利益糾結，涉及到複雜的歷史因素與不同的國家利害關係，不是任何一個亞太地區的安全機制或強權大國可以同時處理或單獨解決。在亞太區域內有著「亞太主義」與「亞洲主義」的爭辯，也有著美國是否有世界霸權心態、日本軍國主義會否復活、中國威脅論會否存在的懷疑與爭吵。美國、日本、中國大陸、東協的四極體系已在亞太區域形成，合縱連橫自然在所難免，亞太地區的國際政治與安全格局也不會是容易平靜的。

相對於亞太的政治發展與安全問題，經濟成果是亞太地區最足以自豪的。這塊區域裡有二十世紀最大的經濟強權，有二次大戰後快速崛起的日本，有七〇年代興起的亞洲四小龍，二〇年代積極推動改革開放的中國大陸，九〇年代引人矚目的新四小龍。這個地區有多層次分工的基礎，有政府主導的經濟發展，有高度自由化的自由經濟，有高儲蓄及投資率的環境，以及外向型的經濟發展策略，使得世界的經濟重心確有逐漸移至此一地區的趨勢。有人認爲在未來世界區域經濟發展的趨勢中，亞太地區將擔任實質帶領全球經濟步入二十一世紀的重責大任，但也有人認爲亞洲的經濟奇蹟是虛幻的，缺乏高科技的研究實力、社會貧富的懸殊差距、環境的污染破壞、政府的低效能等等，都將使得亞洲的經濟發展有著相當的隱憂。不論如何，亞太區域未來經濟的發展將牽動整個世界，影響人類的貧富，值得我們深刻關注。

在亞太這個區域裡，經濟上有著統合的潮流，但在政治上也有著分離的趨勢。亞太經合會議（APEC）使得亞太地區各個國家的經濟依存關係日趨密切，太平洋盆地經濟會議（PBEC），太平洋經濟合作會議（PECC），也不停創造這一地區內產、官、學界共同推動經濟自由與整合的機會。但是台灣的台獨運動、印尼與東帝汶的關係、菲律賓與摩洛分離主義……使得亞太地區的經濟發展與安全都受到影響，也使得經濟與政治何者爲重，群體與個體何者優先的思辨，仍是亞太地區的重要課題。

亞太地區在國際間的重要性日益增加，台灣處於亞太地區的中心，無論在政治、經濟、文化與社會方面，均與亞太地區有密切的互動。近年來，政府不斷加強與美日的政經關係、尋求與中國大陸的政治緩和、積極推動南向政策、鼓吹建立亞太地區安全體系，以及擬將台灣發展成亞太營運中心等等，無一不與亞太地區的全局架構有密切關係。在現實中，台灣在面對亞太地區時也有本身取捨的困境，如何在國際關係與兩岸關係中找到平衡點，如何在台灣優先與利益均霑間找到交集，如何全面顧及南向政策與西向政策，如何找尋與界定台灣在亞太區域中的合理角色與定位，也是值得共同思考的議題。

「亞太研究系列」的出版，表徵出與海內外學者專家共同對上述各類議題探討研究的期盼，也希望由於「亞太研究系列」的廣行，使得國人更加深對亞太地區的關切與瞭解。本叢書由李英明教授與本人共同擔任主編，我們亦將極盡全力，爲各位讀者推薦有深度、有份量、值得共同思考、觀察與研究的著作。當然也更希望您們的共同參與和指教。

張亞中

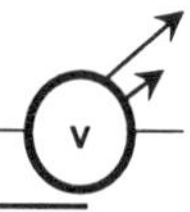

自序

本書是從軍事的觀點說明「日本國政發展」，其內容聚焦於日本政府對外政策的歷史經驗，並以廣島爲個案；選擇廣島的原因在於原爆之前，廣島以日本「軍都」的地位，扮演了重要軍事行動的角色，明治天皇在日清戰爭時期，將政府移至廣島親自督戰，之後日本派往海外作戰部隊多從廣島宇田港發兵，歷史的發展使第一枚原爆落在廣島，廣島的崩毀見證了日本一個時代的結束。日本從幕府的鎖國政策到明治時期全盤西化，師法歐美政、軍制度，傾舉國之力於強國運動，終於在日俄戰爭後躋身列強之列，勝利的榮耀帶給日本虛幻的自大，至此日本不斷的想要從中國及東亞獲取國家利益；二次大戰日本嚴重受創，戰後日本繼經濟復甦之後，重新建立軍事強國的企圖強烈，日本的政策走向牽動了東北亞未來的發展。

此外，本書揭露長期以來國人對日本軍隊高服從性的錯誤認知，實際上，針對天皇而言日本軍人的高服從性無庸置疑，但對應有的軍中倫理卻非如此，低階軍人暗殺高階將領的事件不斷發生，「皇道派」與「統治派」之間的恩怨所引發的暗殺行動，及「九一八事變」、「二二六事件」等都是「以下領上」、「以下犯上」的實例。本書的原稿於作者在廣島大學進行學術訪問時完成，資料多來自廣島大學圖書館及和平科學研究中心的資料室以及牛津大學日本研究中心。

張嘉中

目錄

「亞太研究系列」總序 i

自序 v

前言 1

第 1 章 日本的崛起 3

明治天皇鞏固王權 4
教育改革與教育敕諭 8
軍事改革與軍人敕諭 11
制定明治憲法 14

第 2 章 廣島在日本軍國主義發展中的角色 19

軍都與第五師團 20
尊王倒幕 26
廢藩置縣 35

第 3 章 日清戰爭（甲午戰爭）39

日軍與日清戰爭 40
春帆樓議和 44
台灣總督 47

第 4 章 北清事變（義和團事件）與日露（俄）戰爭 51

辛丑條約 53
日俄戰爭與日軍戰編 54
戰情 60
日軍指揮官 62

第 5 章 中日戰爭 65

田忠義一與田中奏摺 66
戰爭揭幕 69
日本內閣人事 71
日軍編裝及南京圍城 74
徐州會戰與日軍將領 84

第 6 章 太平洋戰爭 91

萬民翼贊 92
聯合艦隊編裝及指揮官簡歷 93
第二階段作戰組織編裝與作戰計畫 101

第 7 章 日軍崩毀 105

曼哈頓計畫 106
透過蘇聯斡旋和平 112
原子彈投擲目標選擇 117
原子彈投擲實錄 122

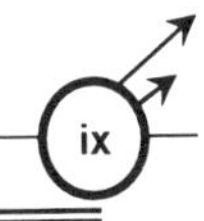

第 8 章 廣島作為目標的原因、戰損及緊急處分 131

本土決戰之第二總司令部 133
原爆當時廣島留守部隊及戰損 136
原爆後廣島之緊急處分 140

第 9 章 內閣關於投降之爭論 143

和、戰爭論 145
天皇發布投降昭書 148
主和、主戰觀點之異同 150

第 10 章 日本之改造 155

戰後第一任內閣 156
內閣成員之檢驗 158
戰犯 161

第 11 章 戰後的日本 171

天皇發布「人間宣言」詔書 175
制定新憲法確定國體 176
教育改革 183
經濟改革 188
國防安全及作爲 194

第 12 章 戰爭的責任 221

靖國神社參拜 222

戰爭的推手 224
「天皇機關說」與「天皇主權說」之爭辯 236
「皇道派」與「統治派」的路線鬥爭 238
「二二六」事件 241

第 13 章 天皇與戰爭 247

戰時戒嚴權 248
皇室與戰爭的關係 250
「人間神」之戰爭責任 255

第 14 章 日本的未來 261

美日關係 264
戰爭的能力與意念 267
全球化與日本的政策選擇 273

結論 281

參考書目 287

前言

日本是一個地型狹長，多島、多山的國家，位於北緯二十度二十五分到四十五度三十三分，南北兩端長三千八百公里，總面積三十七萬七千八百七十三平方公里，爲美國的二十五分之一，約占世界土地的百分之零點三。主要的國土爲四個大島，本州、北海道、九州、四國，其餘尚有數千個散落於四個大島附近的小島嶼，本州的面積占全國面積的百分之六十左右。日本的海岸線多爲岩岸，因此海港的條件良好，全國總面積有百分之七十一爲山地，其中有五百三十二座山高度超過兩千尺，共有七十七座活火山，擁有爲數甚多的河流；由於山地難以耕作對外交通不易，因此在商業時代興起後人口多移往沿海，沿海人口稠密，爲了獲得更多的資源，自明治天皇起日本捨棄鎖國政策，追求海權，向歐洲學習政治、軍事、經濟制度及積極發展工業，並隨著西方列強進行海外擴張。

1846 年孝明天皇繼位，爲了避免列強入侵，命令江戶的幕府加強國土防衛，但在 1853 年 6 月 3 日當美國東印度艦隊司令培利少將（Matthew C. Perry）率領共有六十三門大砲的四艘軍艦強行進入江戶灣[1]之浦賀港，幕府束手無策，培利要求簽訂開放日本港口、自由通商等條約，次年 2 月 11 日培利再率七艘軍艦重返江戶灣，艦隊深入江戶灣內直到橫濱附近才停船，面對培利的強硬姿態，日本被迫與其簽定「神奈川條約」及「下田條約」，在下田條約中日本同意開放下田、箱館[2]兩個港口，培利之後日本又先後與英國、荷蘭、法國、俄國分別簽訂了「親善條約」；四年後條約期滿，重新換約，日本再分別與上述國家簽訂「安政五國條約」。此舉代表日本鎖國政策自此結束，開始展開與西方國家一連串的政經互動，此一互動引發了日本封建社會結構的變化，面對列強的船堅砲利及強勢之經濟作為，日本的政治、經濟、軍事精英面對國家危亡，因此要求政府變革，1867 年幕府崩潰，1868 年的明治維新運動來臨。

註釋

[1] Mayumi Itoh, *Globalization of Japan – Japanese Sakoku Mentality and U.S. Efforts to open Japan* (London: Macmillan Ltd., 1998), p. 23.。江戶灣即現在的東京灣。

[2]「箱館」即現在的函館。

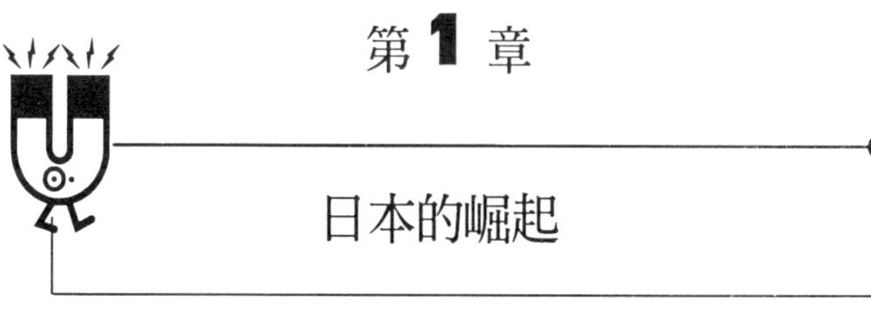

第1章 日本的崛起

- 明治天皇鞏固王權
- 教育改革與教育敕諭
- 軍事改革與軍人敕諭
- 制定明治憲法

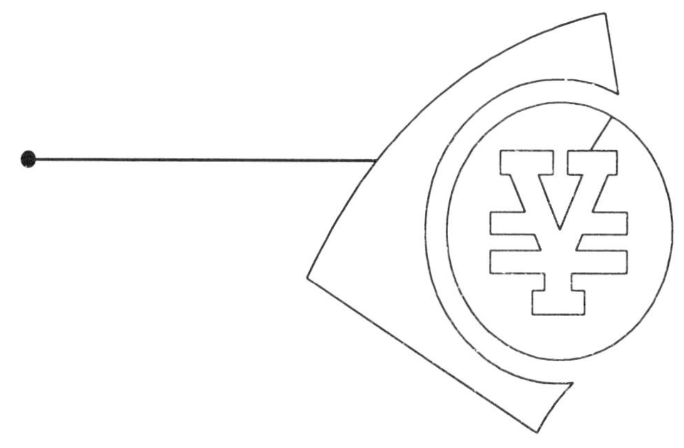

日本受到列強的壓迫但也學習到以武力獲取國家利益的經驗，因而建構了一套帶有攻擊性的國家主義，在無法打敗西方列強的前提下，日本轉向經由侵略鄰國獲取利益來彌補本國在列強的掠奪中所受的損失，此一新國家主義的觀點於1855 年（安政 2 年）吉田松陰的信中表露無遺，吉田認爲「與俄美條約簽訂，我方絕不可破壞而失信余夷狄，只宜嚴守章程，加強信義，並趁此培養國力，分割易於攻取之朝鮮、滿州、中國，將同俄美交易中的損失，復以朝鮮、滿州土地補償之」[1]。吉田松陰（1830-1859），出身於長州藩一武士家庭，師從著名蘭學家佐久間象山（1811-1864）[2]，明治維新革命中重要人物高杉晉作、伊藤博文、山縣有朋、木戶孝允、井上馨等均出自其門下。吉田松陰「尊王攘夷」的思想影響深遠，其學生，明治時期位居關鍵地位的木戶孝允，及曾四任明治天皇內閣總理的伊藤博文繼承並執行此一觀點。實際上日本往後數十年的對外軍事擴張政策，即遵循著吉田松陰的理論。

明治天皇鞏固王權

1868 年 1 月明治天皇繼孝明之後登基成爲日本第一百二十二代天皇，明治時期（1868-1912）日本建設成一個擁有現代政治制度、工業、社會型態的現代國家，明治維新的成功，強化了日本對外擴張的企圖，面對國內地理環境在發展上的困窘，及成功西化後的自信，1894 年日本發動了日清戰爭[3]，日本從清國獲得了台灣及附近島嶼，並確保了其在朝鮮的利益；十年後之 1904 年日俄戰爭中，日本戰勝俄國，並從俄國得到了庫頁島及繼承俄國在中國東北的地位；1902 年簽訂的英日同盟，代表日本被認可爲世界級之強權，1905 年後日本接收中國在朝鮮的主權成爲朝鮮的保護國。明治天皇主掌朝政起，日本軍國主義開始萌芽、發展，後經大正天皇過渡，1926 年昭和天皇時代開始後，軍國主義的氣勢達到高點。

明治維新之前，由於日本被迫與美國及其它列強簽訂「神奈川條約」、「下田條約」及「安政五國條約」等，日本社會精英認爲德川幕府軟弱無能，才會被迫簽訂這些屈辱的條約，此外，基於長期與幕府的利益衝突，這批主導改革的社會菁英藉此機會奪幕府之權，認爲只有依賴天皇的領導才能驅逐外國在日本的勢力，因此展開了「尊王攘夷」運動。此運動獲得久受幕府制約的天皇及當時重要之長州藩、薩摩藩、肥前藩及土佐藩等藩閥支持，土佐藩出身的阪本龍馬，擬定了改造日本的政治主張，即所謂的「船中八策」，在土佐藩船「夕顏丸」上，阪本龍馬將「船中八策」託交給土佐參政後藤象二郎，首先在土佐藩內實現藩論一致。「船中八策」包括：大正奉還，設議會，萬機決於公論，拔擢人才，依法行事，擴張海軍兵力等[4]，其論述成爲推動明治維新的重要基礎。

爲了徹底消除幕府勢力，1867 年 9 月薩摩、長州、安藝三藩達成出兵協議共組倒幕聯盟，幕府將軍德川慶喜迫於形勢於 1867 年 10 月 14 日向天皇奏請「大政奉還」同意將政權交還天皇，但實際上幕府並未認真執行「大政奉還」之承諾，薩摩、長州兩藩於 1868 年 1 月 3 日會師京都，在大久保利通、西鄉隆盛、木戶孝允的策劃下，宣布成立以天皇爲中心的新政府，3 月 3 日，明治天皇成立討幕東征軍，由栖川宮熾仁親王和西鄉隆盛率領，4 月底兵臨城下，5 月初德川幕府第十五代大將軍德川慶喜獻城投降，將權力交還給年僅 15 歲的明治天皇[5]。這一政治運動稱爲「王政復古」，它結束了長達 265 年的德川幕府的統治。「王政復古」使天皇獲得了絕對的權力，明治天皇透過此一運動終能大權在握，並進行日後的維新運動[6]；1868 年「王政復古」結束了德川幕府的時代，新日本的時代正式躍上舞台。

1868 年 3 月 14 日明治天皇在京都頒布「五條誓文」（五箇条の御誓文），包括：廣興會議，萬機決於公論。上下一心，大展經論。公卿與武家一心，庶民各遂其志，人心不倦。破歷來之陋習，利基於天地之公道。求知識於世界，大振皇基[7]。此五條誓論綱要式的說明了明治天皇的政治走向及國家大政方針。1868 年 10 月 12 日睦仁正式即位，23 日改

年號爲「明治」，同年 11 月明治接受西鄉隆盛、岩倉具視等建議，將首都從京都遷至江戶，並將江戶改名爲東京。遷都東京後，明治開始了一連串的政治、經濟、軍事、社會改革；此一改革史稱「明治維新」，明治維新的核心作爲在廢除封建制度，此一行動是所有維新的根本；王政復古後，明治天皇爲了鞏固政權，決定削藩，要削藩就需廢除封建制度，1869 年薩摩、長州、肥前和土佐將地方大權交還皇室；之後明治天皇發表詔書，要求所有大名亦需比照辦理，接著開始「廢藩置縣」，廢除封建領地，執行中央集權。

1885 年 12 月 22 日日本正式成立內閣負責政務運作，新內閣的成立標示日本與西方組織制度接軌，邁入現代化之政務管理時代，第一代內閣總理爲伊藤博文（長州藩），其它負起建設新國家的內閣大臣分別爲：外務大臣：井上馨（長州藩）；內務大臣：山縣有朋（長州藩）；大藏大臣：松方正義（薩摩藩）；陸軍大臣：大山巖（薩摩藩）；海軍大臣：西鄉從道（薩摩藩）；司法大臣：山田顯義（長州藩）；文部大臣：森有禮（薩摩藩）；農商務大臣：谷干城（土佐藩）；遞信大臣：榎本武揚（幕臣）[8]。內閣派系保持平衡，長州及薩摩兩藩占據重要閣員位置，幕府及土佐藩出身的各一位，這種安排反映了現況，當時政府體制結構如圖 1-1。

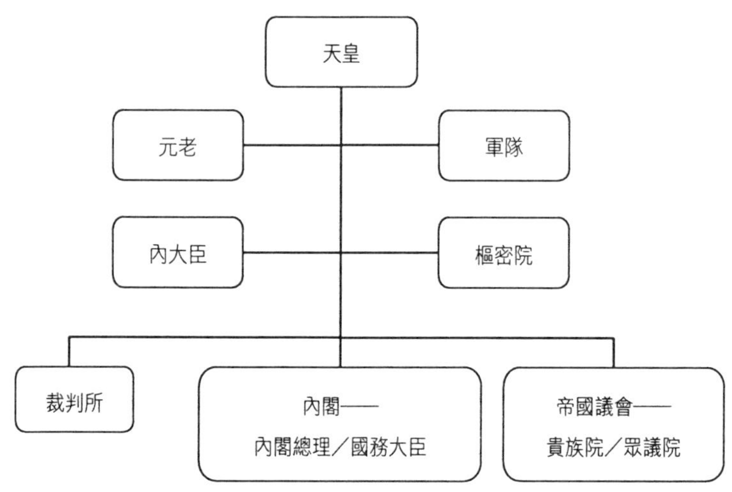

圖 1-1 明治政府體制結構

教育改革與教育敕諭

爲了造就社會菁英、充實國力，明治天皇進行了教育改革；日本對外來文化擇優去劣的能力充分展現在對政治、經濟、社會制度的批判與繼承，教育亦同，建立現代化的高等教育制度與課程內涵正是明治以後日本追求富國強兵的重要國家政策，做爲現代日本的開創者，明治時期的教改批判了漢學，全盤接受了西方的教育文明。1872 年起大量吸納歐洲的教育精神及教育制度作爲日本教改的範本，1872 年 8 月 2 日政府發布「學制公告書」，提倡實用主義鼓勵全國人民上學，8 月 3 日文部省公布了以法國爲藍本的新學制，並陸續在全國設立五萬三千七百六十所小學，增加了人民就學的機率也擴大了社會識字階層，1879 年公布由元田永孚起草的「教學大旨」，其中指出「教育之要，在於明仁義忠孝」，「仁義忠孝」強調忠君、服從等觀點。

以廣島爲例，1873 年在明治天皇教育改革之下，廣島全縣劃分了八個中學區，從 1872 年教育改革後至 1889 年 4 月 1 日市制實施前，廣島縣成立的學校有：遷喬舍（1872 年 5 月）、官立外國語學校（1874 年 12 月）、求心社（1875 年 8 月）、廣島英學校（1877 年 3 月）、廣島縣中學校（1877 年 11 月）、淺野中學校（1878 年 6 月）、修道校（1881 年）、清輝舍（1886 年 4 月）、必正舍（1887 年）、私立廣島高等女校（1887 年 1 月）與英和女學校（1887 年 4 月）。1889 年 4 月 1 日市制實施後至 1904 年日俄戰爭前，設立了：大成學舍（1890 年 8 月）、成德舍（1890 年 6 月）、明道學校（1892 年 3 月）、廣島國學院（1892 年 11 月）、信愛慈惠學校（1893 年 11 月）、廣陵中學（1901 年）與廣島縣立高等女學校（1902 年 1 月）[9]。1904 年日俄戰爭後到第一次世界大戰間則成立了：修道中學校（1905 年 4 月）及廣陵中學校（1907 年 4 月）。

從上述明治時期僅廣島一地所創立的新學校，可以瞭解明治天皇對教育的重視，除了在量上擴充外，有關建立「忠君」的精神教育，明治則再透過「教育敕諭」的發布進行思想改造工程。1890 年 10 月 30 日明治天皇頒布由總理大臣山縣有朋、文部大臣芳川顯正主持，由法制局長井上毅和元田水車起草的「教育敕諭」。山縣有朋早在擔任參謀本部長時，曾主持制定「軍人敕諭」，山縣有朋認爲，因為有「軍人敕諭」所以教育也要有同樣的「敕諭」[10]，「敕諭」 爲忠君的根本。

「教育敕諭」全文如下：「朕唯我皇祖皇宗肇國宏遠，樹德深厚，我臣民克忠克孝億兆一心，世濟其美，此我國體之精華，而教育之淵源亦實存乎此。爾臣民孝於父母、友於兄弟、夫婦相和、朋友相信、恭儉持己、博愛及眾、修學習業以啓發智能、成就德器。進行公益、開世務、常重國憲、遵國法。一旦緩急則義勇奉公以扶翼天壤無窮之皇運，如是者不獨爲朕忠良臣民，又足以彰顯爾祖先之遺風矣。斯道也實爲我皇祖皇宗之遺訓，而子孫臣民之所當遵守。通諸古今而不謬，施諸中外而不悖。朕庶幾與爾臣民俱拳拳服膺咸一其德」[11]。「教育敕諭」中除了要人民「常重國憲、遵國法」，更重要的是「一旦緩急則義勇奉公以扶翼天壤無窮之皇運」，這樣才是「爲朕忠良臣民」；主持制訂「教育敕諭」與主持「軍人敕諭」均爲山縣有朋，而山縣有朋的目的是在建立軍事與教育之間的信仰關聯，建立天皇在日本國民意識形態上的絕對地位。

與強調思想信仰的「教育敕諭」同時進行的是建立日本新高等教育制度，爲了能累積強國之實力，及培養政治、經濟人才，1886 年創立「帝國大學」，並將大學定位爲社會菁英的培養場所，帝國大學令第一條即說明：「帝國大學是以配合國家需要，教授學術技藝，並以探究學問奧祕爲目的」[12]，大學提供了社會垂直流動的養分，它是一般平民轉換社會身分，進階領導階層的重要過程；當時教育內容以西方先進的政治理念、制度、經濟事務與科學技術爲主，其最大的影響係造就了日本議會政治及科技工業，奠定了日本在亞洲的霸權地位；此外，大學的設立亦打破了明治以前封建社會中所盛行的自然「血統主義」，該主義揭示的是社會菁英來自於家族血緣的傳承，門閥、門第的價值優於一切，一般平民無法在社會中有垂直流動的可能；明治時期的教育政策是日本工業發展的重要支柱，同時它也是塑造日本軍國主義的重要推手。

軍事改革與軍人敕諭

軍事實力依附經濟而發展，明治天皇在「殖產興業」的政策下，有計畫派員到歐州學習紡織、鐵路、鋼鐵、礦業、造船、製造兵器等近代技術，同時也引進郵政、電信、電話等制度。引進的諸多制度中，包括了近代商業的公司股份制，1878 年，東京證券交易所於兜町設立，明治時期已開始利用民間的財富進行商務行為。

在建立現代化軍隊和軍事教育體系的過程中，日本並未放棄封建武士道的精神傳統，政府向軍隊灌輸絕對服從天皇的思想。為了鼓勵軍人忠君愛國、為國犧牲，日本新陸軍的締造者，曾任內閣總理、內務大臣、司法大臣、陸軍大臣、參謀總長、監軍、軍階最後為元帥的山縣有朋於 1878 年上半年在軍中連續發表著名的「兵家德行」講演，強調軍人除應具備智、勇、忠誠、仁愛外，更應重視軍隊倫理。1878 年 10 月山縣有朋發布「軍人訓誡」，將效忠天皇視為軍人的天職，竭力向士兵灌輸「忠義」、「勇敢」、「服從」等觀念；1882 年 1 月 4 日更透過「軍人敕諭」[13]的發布，建立了天皇的崇高地位。

「軍人敕諭」強調：「軍隊世世代代為天皇所統率，此乃日本之國體。天皇與軍人榮辱與共」。軍人精神有五項標準，即「忠節」、「禮義」、「武勇」、「信義」、「質素」（儉樸），明確規定軍人應盡忠節、正禮儀、尚武勇、重信義和崇儉樸。這五項標準總結為「誠心」，即必須「忠君愛國」，視天皇為「神」，天皇對軍隊有神聖及絕對的統帥權。「軍人敕諭」中規定「爲部下者，其長官所命，縱有不合情理之處，亦不可有失恭敬奉戴之節」。每到重大節日，軍隊、軍事學校及其它軍事訓練單位，都要向天皇的照片行叩拜大禮，爲了磨練「意志」，每個星期都要朗讀、背誦一遍天皇的「軍人敕諭」。

爲了強化抵抗西方列強的實力，明治天皇進行各種富國強兵政策，在軍事上，全面改革軍制，1868 年 1 月建立海陸軍務科，負責建軍和國防事務；同年 2 月改海陸軍務科爲軍防事務局，爲了擴張國力，日本認知做爲島國必須學習列強發展現代化的海軍，因此籌辦海軍學校，1869 年 9 月兵部省在舊廣島藩邸創建了海軍操練所，作爲海軍教育機構，並令原鹿兒島、山口、佐賀等十六藩派出 18 到 22 歲的優秀青年前來學習；1870 年 1 月海軍操練所改稱海軍兵學寮，1876 年海軍兵學寮正式改稱海軍兵學校，並從英國招聘有經驗的海軍人員擔任教官，海軍兵學校位於獺戶內海南端的江田島，江田島屬廣島縣管轄，與「吳」軍港隔海相望[14]。

爲了追念在維新運動中爲天皇而戰死的兵士，及鼓勵後進能效法先烈爲國捐軀的精神，1869 年於東京建立了「招魂社」，1879 年正式改名爲「靖國神社」，每年接受以天皇爲首的政府官員祭拜；軍國主義的精神結構中必須具備催化生者爲國效忠的意念，及推崇死者的偉大犧牲等兩大支柱，明治天皇以「軍人敕諭」催化爲國效忠的精神意識，建立「靖國神社」推崇爲國犧牲者。

制定明治憲法

1888年4月完成憲法草案，1889年2月11日公布，於1890年11月29日實行的「大日本帝國憲法」，史稱「明治憲法」[15]，明治憲法的制定對日後日本軍國主義的發跡扮演了重要的角色，該憲法除了有明治天皇的御名外，並由內閣總理大臣：黑田清隆；樞密院議長：伊藤博文；外務大臣：大隈重信；海軍大臣：西鄉從道；農商務大臣：井上馨；司法大臣：山田顯義；大藏大臣兼內務大臣：松方正義；陸軍大臣：大山巖；文部大臣：森有禮；遞信大臣：榎本武揚等人依序署名。

明治憲法擴張了天皇的權力，憲法第一章第一條律定「大日本帝國由萬世一系的天皇統治」，而將天皇「萬世一系」及「天皇統治」法定化；第十條「行政各部的官制、文武官員奉祿的設定由天皇決定」；第十一條「天皇爲陸海軍之統帥」；第十三條「天皇可宣戰、媾和及條約的締結」；第十四條「天皇可宣布戒嚴」等，此外，天皇尚總攬行政、立法、司法之統治權。帝國議會採取眾議院與貴族院之兩院制（第三十三條）。眾議院由公選議員組成（第三十五條），貴族院由皇族、華族、敕任議員組成（第三十四條）。

註釋

[1]井上清著、宿久高等，《日本帝國主義的形成》（北京：人民出版社，1984），頁9。

[2]其門生除吉田松陰外，另有勝海舟和阪本龍馬。參閱：伊藤仁太郎，《佐久間象山・吉田松陰・高杉晋作・原敬》（東京：平凡社，1929）。

[3]中國稱「中日甲午戰爭」。

[4]「船中八策」全文：第一策、天下の政権を朝廷に奉還せしめ、政令よろしく朝廷より出づべき事。第二策、上下議政局を設け、議員を置きて、万機を参賛せしめ、万機よろしく公議に決すべき事。第三策、有材の公卿・諸侯、および天下の人材を顧問に備へ、官爵を賜ひ、よろしく従来有名無実の官を除くべき事。第四策、外国の交際、広く公議を採り、新たに至当の規約を立つべき事。第五策、古来の律令を折衷し、新たに無窮の大典を選定すべき事。第六策、海軍よろしく拡張すべき事。第七策、御親兵を置き、帝都を守衛せしむべき事。第八策、金銀物貨、よろしく外国と平均の法を設くべき事。

[5]參閱：石尾芳久，《大政奉還と討幕の密勅》（東京：三一書房，1979）。

[6]參閱：萩野由之，《王政復古の歴史》（東京：明治書院，1918）。

[7]「五箇条の御誓文」全文：「広く會議ヲ興シ万機公論ニ決スベシ。上下心ヲ一ニシテ盛ニ経綸ヲ行フベシ。官武一途庶民ニ至ル迄各其志ヲ遂ゲ、人心ヲシテ倦マザラシメンコトヲ要ス。旧来ノ陋習ヲ破リ、天地ノ公道ニ基クベシ。智識ヲ世界ニ求メ、大ニ皇基ヲ振起スベシ。我国未曾有ノ変革ヲ為サントシ、朕躬ヲ以テ衆ニ先ンジ、天地神明ニ誓ヒ、大ニ斯国是ヲ定メ、万民保全ノ道ヲ立ントス。衆亦

此旨趣ニ基キ協力努力セヨ。」；另參閱：原口宗久編，明治維新論集，《日本歷史 9》，論集日本歷史刊行會・有精堂。岩崎育夫編，《アジアと民主主義──政治権力者の思想と行動》，アジア経済研究所。

[8] 林茂、辻清明，《日本內閣史錄（Vol. 1）》（東京：法規出版株式會社，昭和56年8月），頁50。

[9] 廣島縣立高等女學校的校訓為「良妻賢母，親切辛棒」。

[10] 見〈山縣有朋關於教育敕語的談話筆記（1916年11月26日）〉，片山清一編，《資料・教育敕語》（高陵社書店，1974），頁118。

[11] 日文全文：私は、私達の祖先が、遠大な理想のもとに、道義国家の実現をめざして、日本の国をおはじめになったものと信じます。そして、国民は忠孝両全の道を完うして、全国民が心を合せて努力した結果、今日に至るまで、美事な成果をあげて参りました。もとより日本の優れた国柄の賜物といわねばなりませんが、私は教育の根本もまた、道義立国の達成にあると信じます。国民の皆さんは、子は親に孝養をつくし、兄弟、姉妹はたがいに力を合わせて助け合い、夫婦は仲むつまじく解け合い、友人は胸襟を開いて信じあい、そして自分の言動をつつしみ、すべての人々に愛の手をさしのべ、学問を怠らず、職業に専念し、知識を養い、人柘をみがき、さらに進んで、社會公共のために貢献し、また法律や、秩序を守ることは勿論のこと、非常事態の発生の場合は、身命を捧げて、国の平和と、安全に奉仕しなげればなりません。そして、これらのことは、善良な国民としての当然のつとめであるばがりでなく、また、私達の祖先が、今日まで身をもって示し残された伝統的美風を、更にいっそう明らかにすることでもあります。このような国民の歩むべき道は、祖先の教訓として、私達子孫の守らなければならないところであると共に、このおしえは、昔も今も変らぬ正しい道であり、また日本ばかりでなく、外国に行っても、まちがいのない道でありますから、私もまた国民の皆さんとともに、父祖の教えを胸に抱いて、立派な日本人となるように、心から念願するものであります。

[12] 天野郁夫（1995），〈高等教育的大眾化與結構變動〉，《教育研究資料》，3期（七卷），台北：台灣師範大學，頁27-28。

[13] 參閱：藤原懋謹，《軍人勅諭講義》（大阪：交盛舘，1894）。梅渓昇，《軍人勅諭成立史》（東京：青史出版，2000）。「軍人敕諭」

是奠定日本軍國主義發展的重要規範，日文全文：我國の軍隊は世々天皇の統率し給ふ所にそある昔神武天皇躬つから大伴の兵ともを率ゐ中國のまつろはぬものともを伐ち平らけ給ひ高御座に即かせられて天下しろしめし給ひしより二千五百有餘年を經ぬ此間世の樣の移り換るに隨ひて兵制の沿革も亦屢なりき古は天皇躬つから軍隊を率ゐ給ふ御制にて時ありて皇后皇太子の代らせ給ふこともありつれと大凡兵權を臣下に委ね給ふことはなかりき中世に至りて文武の制度皆唐國風に倣はせ給ひ六衞府を置き左右馬寮を建て防人なとまうけられしかは兵制は整ひたれとも打續ける昌平に狃れて朝廷の政務も漸く文弱に流れけれは兵農おのつから二に分れ古の徴兵はいつとなく壯兵の姿に變り遂に武士となり兵馬の權は一向に其武士ともの棟梁たる者に歸し世の亂と共に政治の大權も亦其手に落ち凡七百年の間武士の政治とはなりぬ世の樣の遷り換りて斯なれるは人力もて挽回すへきにもあらすとはいひなから且は我國體に戻り且つは我祖宗の御制に背き奉り淺間しき次第なりき降りて弘化嘉永の頃より德川の幕府其政衰へ剩へ外國の事とも起こりて其侮をも受けぬへき勢に迫りけれは朕か皇祖仁孝天皇皇考孝明天皇いたく宸襟を惱まし給ひしこそ忝なくも又惶けれ然るに朕幼くして天津日嗣を受けし初征夷大將軍其政權を返上し大名小名其版籍を奉還し年を經すして海內一統の世となり古の制度に復しぬ是文武の忠臣良弼ありて朕を輔翼せる功績なり歷世祖宗の專ら蒼生を憐み給ひし御遺澤なりといへとも併我か臣民の其心に順逆の理を辨へ大義の重さを知れるか故にこそあれされは此時に於て兵制を改め我國の光を輝さむと思ひ此十五年か程に陸海軍の制をは今の樣に建定めぬ夫兵馬の大權は朕か統ふる所なれは其司々をこそ臣下には任すなれ其大綱は朕親之を攬り肯て臣下に委ぬへきものにあらす子々孫々に至るまて篤く斯旨を傳へ天子は文武の大權を掌握するの義を存して再中世以降の如き失體なからんことを望むなり朕は汝等軍人の大元帥なるそされは朕は汝等を股肱と頼み汝等は朕を頭首と仰きてそ其親は特に深かるへき朕か國家を保護して上天の惠に應し祖宗の恩に報いまゐらする事を得るも得さるも汝等軍人か其職を盡すと盡さゞるとに由るそかし我國の稜威振はさることあらは汝等能く朕と其憂を共にせよ我武維揚りて其榮を燿さは朕汝等と其譽を偕にすへし汝等皆其職を守り朕と一心になりて力を國家の保護に盡さは我國の蒼生は永く太平の福を受け我國の威烈は大に世界の光華ともなりぬへし朕斯も深く汝等軍人に望むなれは猶訓諭すへき事こそあれいてや之を左に述へむ〔條目のみ掲ぐ・田中〕。軍人は忠節を盡すを本分とすへし。軍人は禮義を正くすへし。軍人は武勇を尚ふへし。軍人は信義を重んすへし。軍人は質素を旨とすへし。右の五ヶ條は軍人たらんもの暫も忽にすへからすさて之を行はんには一の誠心こそ大切なれ抑此五け條は我軍人の精神にして一の誠心は又五け條の精神なり心誠ならされは如何なる嘉言も善行も皆うはへの裝飾にて何の用にかは立つへき心たに誠あれは何事も成るものそかし況してや此五け條は天地の公道人倫の常經なり行ひ易く守り易し汝等軍人能く朕か訓に遵ひて此道を守り行ひ國に報ゆるの務を盡さは日本國の蒼生擧りて之を悦ひなん朕一人の懌のみならんや。

14 參閱：陸軍省編，《明治軍事史；明治天皇御伝記史料》（東京：原書房，1966）。渡邊幾治郎，《明治天皇と軍事》（東京：千倉書房，1936）。

15 有關「明治憲法」參閱：藤村守美，《大日本帝國憲法講義》（東京：濟美館，1902）。關直彥，《大日本帝國憲法》（東京：三省堂，1889）。園田賚四郎，《大日本帝國憲法正解：附附屬諸法典日本憲法史英國憲法》（東京：博文舘，1889）。

第2章

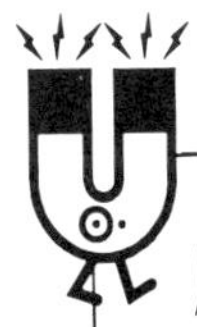

廣島在日本軍國主義發展中的角色

· 軍都與第五師團
· 尊王倒幕
· 廢藩置縣

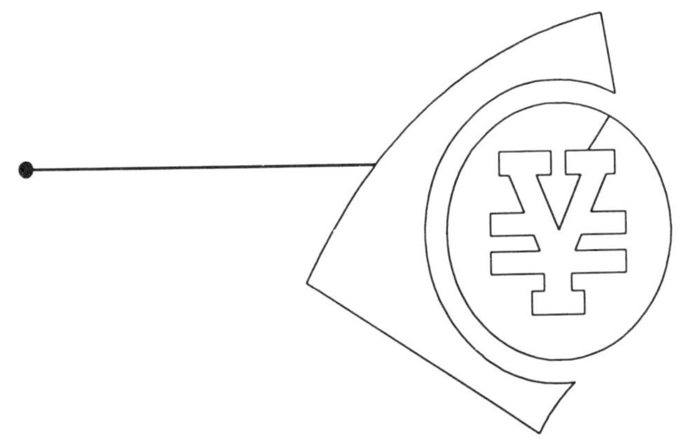

軍都與第五師團

1945年8月6日上午8點15分17秒，第一枚原子彈投擲於日本本土，盟軍選定的目標是當時日本都市規模中排名第六位的廣島。對日本人而言，被尊稱爲日本「軍都」的廣島有其輝煌的歷史，它是日本向外權力擴張之代表性的城市。1894年的日清戰爭，日本的軍事大本營即設於廣島，當時明治天皇以毛利輝元所建的廣島城堡爲行宮，在此運籌帷幄，坐鎮指揮，1889年4月1日日本建立「市」制，廣島列爲當時日本全國三十二個城市之一[1]，1894年6月10日山陽道鐵路開通至廣島，同年8月20日從廣島火車站至宇品港的軍用鐵道完成，宇品港在日本軍事擴張之運輸功能上擔負了重要的任務；隸屬廣島市，面臨瀨戶內海的宇品港是日清戰爭、日露（俄）戰爭、北清事變（義和團之亂）以及第一次世界大戰出兵青島，第二次世界大戰前田中內閣阻擾中國北伐出兵濟南及1937年開始的中日八年戰爭出兵攻打中國的重要發兵站。

作爲被日本尊稱爲「軍都」的廣島市，其戰爭性格非常明顯，1897年明治政府在廣島宇品港邊成立陸軍糧秣支廠，在基町成立廣島陸軍兵器支廠，及廣島陸軍幼年學校。1937年中日戰爭開始時，廣島的軍事基地尚包括了：與日本海軍有關的吳鎮守府及海軍軍官養成所的江田島海軍兵學校，陸軍則有第五師團及其司令部；第五師團爲日本陸軍的精銳部隊，參加過台兒莊戰役、徐州會戰、淞滬大戰等，曾殲滅中國數十個師的板垣征四郎，即曾任第五師團長，後升任陸軍大臣。日本在第二次世界大戰末期，策劃「一億玉碎」的保國政策，執行本土決戰的第二總軍司令部，就設於廣島。廣島，對日本周邊國家而言，有著難以抹去的傷痛，其名字等同「戰爭」或「侵略」，廣島被選爲第一顆原子彈投擲的目標，有極大之教訓軍國主義及懲罰戰犯的意義。

第五師團爲日本精銳部隊之一，對日本軍部而言該師團戰功彪炳，其歷屆司令官依序排列如表 2-1。

廣島市，位於太田川形成的三角洲上，太田川的河水發源自安佐郡可部町附近的中國山脈，河流進入廣島平原後分成東西兩支，東支稱神田川，西支稱三篠川，流入廣島市區後再分支爲：太田川、天滿川、元安川、京橋川、猿猴川及榎川，廣島市被這六條河道劃分；象徵封建藩主之政、軍權力據點的廣島城堡於 1589 年建立在河流所繞經的島上。

廣島城堡於 1589 年（天正 17 年），由封建主毛利輝元所建，毛利輝元在豐田秀吉政權時代，統治了大部分的中國地區；毛利家族原來僅爲吉田地區[2]的一個藩主，戰國時代毛利輝元祖父——毛利一元征戰各地擴大領土，並建立在中國

表 2-1 第五師團歷屆司令官

姓名	陸軍士校期別	就任日期（年／月／日）	離職任期（年／月／日）
野津道貫		1887（明治 21）／5／14	1893（明治 27）／11／29
奥　保鞏		1893（明治 27）／11／29	1895（明治 29）／10／14
山口素臣		1895（明治 29）／10／14	1903（明治 37）／3／17
上田有沢		1903（明治 37）／3／17	1903（明治 37）／11／2
木越安綱	1 期（舊制）	1903（明治 37）／11／2	1908（明治 42）／9／3
大谷喜久藏	2 期	1908（明治 42）／9／3	1915（大正 4）／5／24
小原　傳	5 期	1915（大正 4）／5／24	1917（大正 6）／8／6
福田雅太郎	9 期	1917（大正 6）／8／6	1918（大正 7）／10／10
山田隆一	10 期	1918（大正 7）／10／10	1919（大正 8）／3／8
鈴木莊六	1 期（新制）	1919（大正 8）／3／18	1921（大正 10）／6／15
山田陸槌	1 期	1921（大正 10）／6／15	1923（大正 12）／8／6
岸本鹿太郎	5 期	1923（大正 12）／8／6	1926（大正 15）／7／28
牧　達之	5 期	1926（大正 15）／7／28	1928（昭和 3）／8／10
原口初太郎	8 期	1928（昭和 3）／8／10	1930（昭和 5）／8／1

（續）表 2-1 第五師團歷屆司令官

姓名	陸軍士校期別	就任日期（年／月／日）	離職任期（年／月／日）
寺內壽一	11 期	1930（昭和 5）／8／1	1932（昭和 7）／1／9
二宮治重	12 期	1932（昭和 7）／1／9	1934（昭和 9）／3／5
小磯國昭	12 期	1934（昭和 9）／3／5	1935（昭和 10）／12／2
林　桂	13 期	1935（昭和 10）／12／2	1937（昭和 12）／3／1
板垣征四郎	16 期	1937（昭和 12）／3／1	1938（昭和 13）／5／25
安藤利吉	16 期	1938（昭和 13）／5／25	1938（昭和 13）／11／8
今村　均	19 期	1938（昭和 13）／11／8	1940（昭和 15）／3／9
中村明人	22 期	1940（昭和 15）／3／9	1940（昭和 15）／10／15
松井太久郎	22 期	1940（昭和 15）／10／15	1942（昭和 17）／5／11
山本　務	24 期	1942（昭和 17）／5／11	1944（昭和 19）／10／2
山田清一	26 期	1944（昭和 19）／10／2	1945（昭和 20）／8／15
小堀金城	27 期	1945（昭和 20）／8／15	

地區的基業。毛利輝元爲了彰顯其權力及有效管理廣闊的領地，在廣島建築城堡作爲政、軍中心；當時的廣島只有五個

小村落，並分散坐落，廣島城堡的修築代表廣島的誕生，廣島從此在日本的歷史中占有一席重要的地位：毛利輝元 1591 年入城，江戶時代廣島城於 1600 年（慶長 5 年）被福島正則攻克，福島於 1601 年 3 月入城；1619 年（元和 5 年）淺野長晟繼福島正則之後攻克廣島城，並於當年 8 月入城[3]，此後淺野家族歷代掌控廣島城堡，直至明治 4 年。

1871 年依據「廢藩置縣」規定，廣島藩之淺野氏的統治宣告結束，與此同時，城堡內的主要建築物，除天守閣、城牆及一些附屬物外，其餘均被拆除，隨後在城堡內設置縣政府及軍事總部。曾參與日清戰爭、日俄戰爭、義和團之亂、五三〇慘案、中日戰爭的第五師團總部即設於此。第五師團為明治天皇建立新陸軍時早期的六個師團中的一個。1897 年第五師團下轄五個步兵師、一個騎兵師、一個砲兵師、一個工兵營、一個輜重兵營、第五師團及其所屬部隊全員均從廣島之宇品港出海投入前述戰爭，在中國的東北、華北、西北等地及西伯利亞作戰。日清戰爭時期，明治天皇從東京移駕於此全程坐鎮督戰，1895 年 3 月 21 日，李鴻章以全權大臣身分即是赴廣島與日本議和，廣島在當時的重要性不可言喻，明治天皇在廣島城內君臨天下，遙控戰爭的進行並收割清政府賠錢割地之戰果。

廣島城的歷代城主占領時期如下[4]：

毛利輝元（1553-1625）—— 1591-1600

福島正則（1561-1624）—— 1600-1619

淺野長晟（1586-1632）—— 1619-1632[5]

淺野光晟（1617-1693）—— 1632-1672[6]

淺野綱晟（1637-1673）—— 1672-1673[7]

淺野綱長（1659-1708）—— 1673-1708[8]

淺野吉長（1681-1752）—— 1708-1752[9]

淺野宗恆（1717-1787）—— 1752-1763[10]

淺野重晟（1743-1813）—— 1763-1799[11]

淺野齊賢（1773-1830）—— 1799-1830[12]

淺野齊肅（1817-1868）—— 1831-1868[13]

淺野慶熾（1836-1858）—— 1858-1858[14]

淺野長訓（1812-1872）—— 1858-1869[15]

淺野長勳（1842-1937）—— 1869-1869[16]

1889 年 4 月 1 日，日本正式建立現代城市系統，廣島市爲三十個新城市中的一個，建城之初，廣島市以廣島城爲中心，面積僅二十七平方公里。隨著人口的增加，廣島市向外延伸，1929 年 4 月 1 日正式合併了附近的三篠、已斐、草津三個鎮及仁保、矢賀、牛田及古田等四個村落，城市的面積增加至七十平方公里，人口也躍升至二十六萬一千人。

尊王倒幕

廣島成為重要的軍事基地有其歷史因素，明治天皇繼位之前「尊王倒幕」時立下汗馬功勞的長州藩，位於今日的山口縣，山口緊鄰廣島縣，兩者有密切的地緣關係。早在 1853 年「黑船事件」[17]及次年日本與美國東印度艦隊司令培理在神奈川簽訂之「日美親善條約」或稱「神奈川條約」，條約規定開放下田、箱館兩港口並對美國船艦提供補給，給予美國最惠國待遇等等；當時主張「尊王攘夷」的長州等藩集結在京都，反對德川幕府喪權辱國及不許天皇過問政治的專斷。

德川幕府為了反擊，發動一場史稱「安政大獄」的整肅行動，大舉逮捕反幕人士並將其處死及下獄，因當時的年號為「安政」故稱「安政大獄」；1867 年 9 月長州、薩摩、安藝三藩達成出兵協議形成倒幕聯盟，幕府大將德川慶喜於 11 月 9 日向天皇奏請「大政奉還」，德川以「大政奉還」作為緩計，此舉激怒長州等倒幕派，長州與薩摩兩藩於 1868 年 1 月 3 日集結京都，宣布日本以天皇為中心而非幕府，德川慶喜決定反擊，1868 年 1 月下旬親率大軍由大阪出兵京都，25 日傍晚幕府軍兵分兩路抵達京都近郊的鳥羽、伏見街頭，與防守京都的長州與薩摩兩藩作戰，幕府軍大敗；1868 年 3 月

3 日長州等藩成立征討幕府大軍，由栖川宮熾仁親王和西鄉隆盛率領，5 月初德川慶喜敗北投降返回到老家水戶藩，至此江戶幕府的統治正式結束。

長州藩士在「尊王倒幕」一役上功在天皇，因此，長州藩出身的武士於明治及大正時期在日本均扮演了重要的軍事領導角色，絕大多數的日本陸軍重要將領均來自長州藩的武士家族，而其精神領袖則爲有陸軍之父尊稱並在大正天皇時期做過內閣總理大臣的山縣有朋。山縣有朋在明治天皇時期赫赫有名[18]，其與同樣出身於山口縣的伊藤博文均爲「尊王倒幕」戰役初期被長州藩主之大將高杉晉作在建立「奇兵隊」[19]時所提拔的下級武士。

山縣有朋，日本明治時代之軍人、政治家、陸軍大將、元帥。1838 年（天保 9 年）生於長州，爲舊長州藩士，曾拜吉田松蔭（1830-1859）爲師，參與「奇兵隊」在江戶幕府末期動亂中嶄露頭角。明治初期赴歐美考察，明治維新後任陸軍大輔，制頒徵兵令改建軍制。西南之役（明治 10年，西鄉隆盛等人叛亂）爲征討參軍，戰後就任參謀本部首任本部長並主導「軍人勅諭」頒布事宜。曾任日本內閣第一代伊藤博文內閣（第一次組閣，1885 年 12 月 22 日-1888 年 4 月 30 日）之內務大臣並兼農商務大臣、第二代黑田清隆內閣之內務大臣，1889 年（明治 22 年）12 月 24 日擔任第三代內閣總理，後任第五代伊藤博文內閣（第二次組閣）之司法大臣（1892年8月8日-1893年3月15日）兼任陸軍大臣（1895年3月7日-1896年9月18日），1898年11月8日再出任第九代內閣總理。山縣有朋在明治維新之後至1885年政黨內閣出現前之藩閥政府中位居領導樞紐，實施內閣制後又任兩屆內閣總理及陸軍、司法、內務大臣等職。山縣有朋除任職內閣各項職務外另有豐富的作戰經驗，在日清戰爭時期曾任第一軍司令官赴中國作戰，日俄戰爭時期任職參謀總長，後又任樞密院議長，集掌政、軍大權於一生，爲明治、大正天皇時期日本陸軍長州藩派系的教主，逝於 1922 年（大正 11年）。

從表 2-2 所列「尊王倒幕」運動中重要人物的出身，可以瞭解長州藩在明治時期的實力[20]。

伊藤博文爲明治維新過程中第二代政治家，是一位兼顧舊體制、保留政治傳承及重整社會新秩序建設新政體的指標性人物。1878 年，大久保利通被暗殺後，伊藤繼承其遺留之內務大臣一職，1885 年就任內閣新制度規範下的第一代內閣總理大臣；此後，共四次就任總理之位，在任期間前後共 7年7個月；伊藤博文一生最重要的工作是於1882年赴歐考察普魯士憲法，回國後成爲制定「大日本帝國憲法」的靈魂人物；此外，伊藤博文除建立內閣制度外更致力於制定華族制

表 2-2 「尊王倒幕」運動中重要人物的出身
（排序以藩閥及出生年為依據）

姓名	出身	生卒年
大村益次郎	長州藩	1824（文政 7 年）-1869（明治 2 年）
吉田松陰	長州藩	1830（天保 1 年）-1859（安政 6 年）
木戶孝允[21]	長州藩	1833（天保 4 年）-1877（明治 10 年）
井上馨	長州藩	1835（天保 6 年）-1915（大正 4 年）
山縣有朋	長州藩	1838（天保 9 年）-1922（大正 11 年）
高杉晉作	長州藩	1839（天保 10 年）-1867（慶應 3 年）
伊藤博文	長州藩	1841（天保 12 年）-1909（明治 42 年）
西鄉隆盛	薩摩藩	1827（文政 10 年）-1877（明治 10 年）
大久保利通	薩摩藩	1827（文政 10 年）-1877（明治 10 年）
板本龍馬	土佐藩	1835（天保 6 年）-1867（慶應 3 年）
勝海舟	幕臣	1823（文政 6 年）-1899（明治 32 年）
岩倉具視	公卿	1825（文政 8 年）-1883（明治 16 年）

度、皇室典範[22]、樞密院等制度；他曾擔任日清戰爭之馬關條約談判時的全權代表。1909 年被朝鮮人安重根暗殺於哈爾濱車站。

木戶孝允（原名桂小五郎，明治維新後改名）出生於 1833 年 6 月 26 日，長州藩士和田昌景之子，通稱小五郎，後成爲桂九郎兵衛的養子。17 歲進入吉田松陰門下，20 歲時各處拜師求藝，先後學習劍道、造船術與西學。1850 年參與尊王攘夷運動，1866 年木戶孝允與薩摩藩小松帶刀、西鄉隆盛，訂立了薩摩藩與長州藩之間的「薩長同盟」共組倒幕勢力[23]。木戶孝允除於 1868 年（明治元年）撰寫「五條誓文」草案外，並在「版籍奉還」、「廢藩置縣」運動中擔任核心角色。1871 年隨岩倉具視赴歐美考察擔任全權副使，1873 年回國，翌年兼任文部大臣，與伊藤博文同爲制定「大日本帝國憲法」的核心人物之一。在對外政策上，木戶孝允原與薩摩藩出身的大九保利通主張征服朝鮮，爲當時所謂的主戰派，但在明治四年後改變態度，主張先安內後攘外，也就是在未建設成強大的國家前內政的位階應高於對外擴張，因而反對侵台、侵朝之舉，1895 年 5 月 26 日病歿，享年 45 歲。木戶孝允的後代木戶幸一長期擔任發動侵華戰爭昭和天皇的內大臣，戰後東京審判時被列爲 A 級戰犯。

吉田松陰，幼名虎之助，1840 年（文政 13 年）8 月 4 日出生於長州「萩」市東郊松本村，爲叔父吉田大助的養子，其叔父經營山鹿流兵學師範學校，吉田在其叔父之後繼承了兵學師範教育事業。1854 年（安政元年）因企圖搭乘培利率領的美國軍艦偷渡美國而被捕，出獄後創辦松下村塾專事培育人才工作；由於反對幕府與列強簽訂通商條約，倡導尊王攘夷，再次被捕入獄；1859 年犯大案，在江戶傳馬監牢的刑場被處死，時年 30 歲。

井上馨，1835 年（天保 6 年）11 月 28 日生於周防國吉敷郡湯田村高田「萩」藩士家，原名井上聞太，1862 年（文久 2 年）與長州藩士高杉晉作、久坂玄瑞、品川彌二郎、伊藤博文參與火燒英國公使館事件；1864 年（元治元年）英、法、荷、美四國聯合艦隊登陸下關，長州軍戰敗，井上馨任長州藩代表負責與四國談判。井上爲尊王攘夷運動之活躍分子，1865 年（慶應元年）1 月出任山口鴻城軍總督，1868 年 9（明治元年）任九州鎮撫總督之參謀。1885 年 12 月 22 日在第一代伊藤博文內閣（第一次）任外務大臣，1888 年 7 月 25 日任第二代黑田清隆內閣農商務大臣，1889 年 12 月 24 日任第三代山縣有朋內閣法制局長官，1892 年 8 月 8 日出任第五代伊藤博文內閣（第二次）內務大臣，1898 年 1 月 12 日任第七代伊藤博文內閣（第三次）大藏大臣；離官職後擔任三井財閥最高顧問，有「三井大藩頭」之稱，於 1915 年（大正 4 年）去世。

高杉晉作於 1839 年生於長州「萩」毛利藩士高杉家，1851 年求學於長州藩校明倫館，1857 年入吉田松陰松下塾門下成爲松陰四大門生之一，曾赴中國在上海等地訪歷，1859 年 10 月回國。1860 年 1 月娶妻井上政子，2 月進藩軍艦操練所學習航海術，3 月任爲明倫館舍長，12 月升任明倫館都講，1862 年放火燒品川之英國公使館，1863 年 6 月至馬關創奇兵隊，後被任命爲奇兵隊總督、馬關總奉行、政務官，1887 年 3 月改名谷潛藏，同年 4 月 14 日因肺結核病逝於林算九郎宅中。

大村益次郎，日本現代化陸軍創立者，在日清戰爭前與木戶孝允、岩倉具視、大久保利通反對出兵朝鮮，當時支持立刻出兵朝鮮的有西鄉隆盛、板垣退助、後藤象次郎、江騰新平、左田白茅等明治時期重要權位者。大村益次郎、木戶孝允、岩倉具視、大久保利通等反對征朝鮮並非出自和平的觀點，而是認爲時機尚未成熟，日本尚須先奠基國力應以內政優先。大村益次郎，1824 年（文政 7 年）5 月 3 日生於周防國吉敷郡鑄錢司村大村（現山口縣山口市），諱名：永敏，又名：村田蔵六，父：村田孝益，1865 年改名稱大村益次郎。20 歲時受教於廣瀨淡窗學習漢學、及緒方洪庵學習蘭學，1853 年由緒方洪庵推薦服務於宇和島藩主伊達宗城，負責翻譯兵書、教授藩軍西方兵法並建造炮台、製造戰船等與軍事有關之工作，1865 年隨宇和島藩主前往江戶，並在江戶開辦私塾「鳩居堂」，後大村益次郎改革藩軍，廢除了藩兵制之「八組制度」，1866 年，大村被任命爲長州藩三兵教授，對長州藩軍進行軍事事務改革。1868 年明治天皇實施新官制，將軍務官改爲兵部省，大村益次郎因此由軍務官副知事轉任兵部大輔，掌陸海軍政大權負責建設新軍隊的工作。1869年9月4日，大村益次郎在京都木屋町遭謀刺，同年11月5日去世，年46歲。死後被尊爲日本陸軍之父，兵部大輔一職則由長州藩出身的山縣有朋接任。

西鄉隆盛生於1827年12月7日（文政10年），薩摩藩士西鄉吉兵衛之長男，1854年（28歲）隨藩主島津齊彬至江戶。當時正値第十三代將軍德川家定繼嗣風暴，第十四代將軍繼任人選共被兩派推出兩人，分別爲擁護德川慶喜的一橋派及擁護德川家茂的南記派，西鄉隆盛加入擁護慶喜的一橋派，但在這場第十四代將軍繼承鬥爭中南記派最後得勝，西鄉隆盛因此在鎮壓擁護德川慶喜分子的「安政大獄」案中受到牽連，自殺（投身錦江灣）未遂。1864年重返薩摩藩基地鹿兒島，並積極倒幕，1868年，西鄉隆盛擔任征討幕府軍大總督參謀。倒幕成功後急流勇退，返回鹿兒島，之後西鄉隆盛主張「征韓」、「征台」，由於不被當時明治政府接受，辭官。辭官同時與西鄉隆盛出身薩摩藩的軍官包括陸軍少將桐野利秋、篠原國幹及士兵等亦追隨西鄉隆盛返回鹿兒島，1877年（明治10年），鹿兒島下級武士擁立西鄉隆盛爲首領，舉兵反抗明治政府，明治天皇則派兵繳敵，史稱西南戰爭[24]。西鄉隆盛戰敗後自盡。

大久保利通於 1830 年（天保元年）8 月 10 日出生於鹿兒島下加治屋町，爲薩摩藩下級武士大久保次右衛門利世之長男，又名：正助，一藏。青年時期與西鄉隆盛、吉井友實、有馬新七等組織政治團體「精忠組」，在薩摩藩島津齊彬藩主時期任藩記錄所書記、步兵監督等職，1860 年在薩摩藩島津忠義藩主時期任勘定方小頭、禦小納戶等職並與小松帶刀等人同掌薩摩藩政的中樞大權。在「寺田屋事件」中殺死昔日政治盟友有馬新七等人，在導引於 1862 年「生麥事件」的「薩英（國）戰爭」（1863 年）中，大久保利通曾率領薩摩藩軍與英軍作戰。此外尙參與版籍奉還，廢藩置縣等明治維新運動改革政體，1871 年（明治 4 年），大久保利通擔任大藏大臣一職，同年任岩倉具視歐美考察團副使，返國後基於深知日本國力之不足，因此主張內政有先，1873 與岩倉具視同盟反對西鄉隆盛的征韓論，「征韓論」論點不同的兩派系鬥爭激烈，在史稱「十月政變」（明治 6 年）中獲勝，西鄉隆盛離職由三條實美任太政大臣、大久保利通爲內務大臣。大久保利通成爲明治政府的核心人物後在內務大臣任內推行「文明開化」、「殖產興業」，以及 1876 年執行的「秩祿處分」及公布「金祿公債發行條例」等方式剝奪武士階級的俸祿並從根基上瓦解封建武士階級，這點對新日本的國家資本積累有積極的貢獻。1878 年（明治 11 年）5 月 14

日被士族島田一郎等人暗殺於東京曲町清水穀，該年 49 歲。

岩倉具視，生於 1825 年（文政 8 年）9 月 15 日，爲前權中納言掘河康親的次男， 14 歲做岩倉具慶的養子。岩倉具視一生重要的成就在於完成「王政復古」大業。1871 年（明治 4 年），岩倉具視升任右大臣，同時又被封特命全權大使與大久保利通、木戶孝允等人赴歐美考察，回國後領導主張內政優先論之派系反對西鄉隆盛等人的征韓論。1883 年（明治 16 年）去世。

廢藩置縣

1871 年廢藩置縣，廣島正式設縣，1880 年縣令千田真曉到任，1887 年改縣令官銜爲縣知事。1873 年實施新兵團制度，因此，在廣島城內設立廣島鎮台，當時全國共劃分爲六個鎮台，包括東京、仙台、名古屋、大阪、廣島、熊本。有關各鎮台資料如表 2-3 所示。

1886 年 1 月廣島鎮台改編制爲第五師團，廣島鎮台司令官陸軍中將野津道貫，改任爲第五師團司令官。

表 2-3 廣島鎮台基本資料

	鎮台	營所	分營	常備兵	海岸砲
第一鎮台	東京	東京	小田原	步第一聯隊	品川一隊
			靜岡		
			甲府		橫濱一隊
		佐倉	木更津	步第二聯隊	新瀉一隊
			水戶		
			宇都宮		
		新瀉	高田	步第三聯隊	
			高崎		
第二鎮台	第二鎮台	仙台	福島	步第四聯隊	函館一隊
			水沢		
			若松		
		青森	盛岡	步第五聯隊	
			秋田		
			山形		
第三鎮台	名古屋城	名古屋	豐橋	步第六聯隊	
			岐阜		
			松本		
		金沢	七尾	步第七聯隊	
			福井		
第四鎮台	大阪城	大阪	兵庫	步第八聯隊	川口一隊 兵庫一隊
			和歌山		
			西京		
		大津	敦賀	步第九聯隊	
			津		
		姫路	鳥取	步第十聯隊	
			岡山		
			豐岡		
第五鎮台	廣島城	廣島	松江	步第十一聯隊	下關一隊
			濱口		
			山口		
		丸龜	德島	步第十二聯隊	
			高知縣內		
			須崎浦		
			宇和島		

（續）表 2-3 廣島鎮台基本資料

	鎮台	營所	分營	常備兵	海岸砲
第六鎮台	熊本城	熊本	千歲	步第十三聯隊	鹿兒島一隊 長崎一隊
			飫肥		
			鹿兒島		
			琉球		
		小倉	福岡	步第十四聯隊	
			長崎		
			對馬		
總計：鎮台：六。營所：十四。步兵：十四聯隊，四十二大隊。騎兵：三大隊。砲兵：十八小隊。工兵：十小隊。錙重兵：六隊。海岸砲：九隊。人員：平時三萬一千六百八十人；戰時：四萬六千三百五十人。					

註釋

[1]廣島市第一任市長：三木達。

[2]廣島縣高田郡吉田町。

[3]*Hiroshima Castle*, General Information 2002, published by Hiroshima City.

[4]同上。

[5]淺野長政之二男 官位：從四位下，但馬守侍從。

[6]淺野長晟之二男 官位：從四位下，安芸守 左少將。

[7]淺野光晟之長男 官位：從四位下，彈正大弼 侍從。

[8]淺野綱晟之長男 官位：從四位下，安芸守 侍從。

[9]淺野綱長之長男 官位：從四位下，安芸守 左少將。

[10]淺野吉長之長男 官位：從四位下，安芸守 左少將。

[11]淺野宗恒之長男 官位：從四位下，安芸守 左少將。

[12]淺野重晟之二男 官位：從四位下，安芸守 侍從。

[13]淺野齊賢之長男 官位：從四位下，安芸守 少將。

[14]淺野齊肅之長男 官位：從四位下，安芸守 侍從。

[15] 七代淺野重晟之四男淺野右京長懋（ながとし）之九男 官位：從四位下，安芸守 侍從。

[16] 七代淺野重晟之四男淺野右京長懋（ながとし）之八男淺野式部懋昭（としてる）之長男 官位：從四位下，安芸守 左近衛少將，正二位 權中納言。

[17] 1853 年，美國東印度艦隊司令培理率四艘軍艦開進江戶灣（東京灣）的浦賀海面以武力威脅日本開關，由於船身塗上黑色，亦稱為「黑船事件」。

[18] 參閱：岡義武，《山県有朋：明治日本の象徵》（東京：岩波書店，1958）。川田稔，《原敬と山県有朋：国家構想をめぐる外交と內政》（東京：中央公論社，1998）。

[19] 有關「奇兵隊」資料參閱：田中彰，《高杉晋作と奇兵隊》（東京：岩波書店，1985）。

[20] 沼田哲，《明治天皇と政治家群像；近代国家形成の推進者たち》（東京：吉川弘文館，2002）。

[21] 木戶孝允、西鄉隆盛、大久保利通等三人被尊稱為明治三傑，參閱：德富蘇峰 [著]，《明治三傑：西鄉隆盛・大久保利通・木戶孝允》（東京：講談社，1981）。佐々木克，大久保利通と明治維新（東京：吉川弘文館，1998）。伊藤仁太郎，《木戶孝允》（東京：平凡社，1930）。

[22] 參閱：島善高，《近代皇室制度の形成：明治皇室典範のできるまで》（東京：成文堂，1994）。里見岸雄，《皇室典範の國體學的研究》（京都：里見日本文化学研究所，1935）。伊藤博文，《帝國憲法皇室典範義解》（東京：國家學會，1889）。伊藤博文，《帝國憲法皇室典範義解》（東京：國家學會，1889）。

[23] 「長州」與「薩摩」兩藩為幕府末年政治運動中的兩大勢力。兩藩敵對起自於 1863 年（文久 3 年）的八一八政變，之後兩藩互有衝突，衝突中薩摩藩領袖西鄉隆盛懷疑幕府在是借刀殺人，藉薩摩之手鎮壓或消滅長州藩，待長州藩被削弱後再消滅自己，因此改變策略開始與長州改善關係並進行多方面的接觸，慶應 2 年 1 月 21 日在坂本龍碼等人的奔走斡旋下，雙方在京都的薩摩藩邸，薩摩藩小松帶刀、西鄉隆盛與長州藩的木戶孝允、桂小五郎等舉行了會議，雙方訂立戰略同盟共同一致對付德川幕府。

[24] 西南戰爭雙方共陣亡一萬兩千人，負傷三萬一千人。

第3章

日清戰爭（甲午戰爭）

· 日軍與日清戰爭

· 春帆樓議和

· 台灣總督

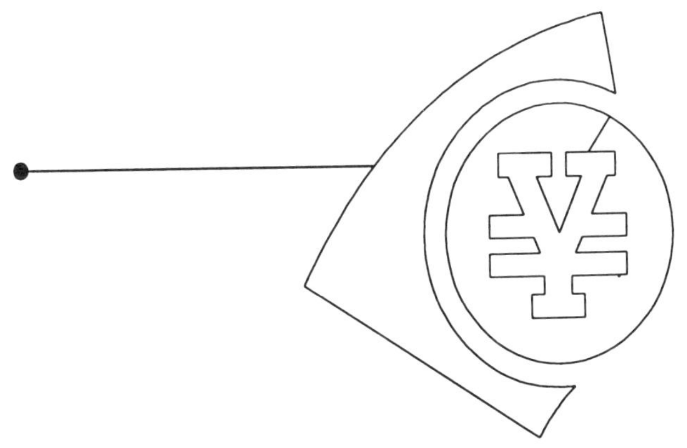

1894 年 10 月 24 日至 1895 年 3 月 9 日，經鴨綠江防之戰、金旅之戰、遼陽東路之戰、遼陽南路與田庄台大戰、豐島海戰，歷時近 5 個月的日清戰爭，最後以清政府求和賠償而告結束。

1894 年 8 月爆發日清戰爭[1]，由於鐵路三陽線的終點延伸至廣島及宇品港的建設完成，突顯了廣島戰略地位的重要性，廣島市的河道是重要的運輸線，宇品港亦是帝國輸送兵員至國外作戰的最佳港口，當年 9 月廣島城內開始擴建軍事總部房舍。從 1894 年 9 月 15 日至隔年 4 月 27 日，明治天皇從東京移駕駐紮在此並同時將帝國作戰總部遷至廣島，帝國議會在此召開，並通過支付一億五千萬日圓的作戰軍費，明治天皇在廣島遙控甲午戰爭的進行，廣島成了天皇御榻之地，是戰時天皇指揮用兵之所。

日軍與日清戰爭

日清戰爭起因係 1894 年（明治 27 年，光緒 20 年）3 月，朝鮮東學黨黨魁崔時享於全羅道聚眾起兵叛變，號召同志殺政府官員及在朝鮮日本人，國王李熙爲此向北京求援。4 月，清朝直隸提督葉志超奉令率軍趕赴朝鮮鎮亂，軍隊屯駐牙山並按中日天津條約之規定電告日本[2]。東學黨知悉中日軍隊馳援，不戰而潰。5 月，袁世凱以東學黨潰散、亂事已平要求中日同時撤兵，但日本政府反以改革朝鮮內政爲名要求中日兩國留兵駐紮，日本建議被北京所拒。6 月，日軍攻入王宮，囚禁國王李熙，命大院君李是應主政國事。李是應爲報 1882 年（光緒 8 年）遭清朝誘捕及被囚禁於中國保定之恨，答應爲日本效力，並下令驅逐在朝鮮的所有華人出境。

日清兩國因朝鮮問題引發雙方衝突，在中國方面，與日本開戰與否，清政府意見紛歧，李鴻章希望用外交方式解決，慈禧太后與光緒皇帝則力主武力解決，但遲至 7 月中旬清朝才決定發兵赴韓。李鴻章調總兵衛汝貴、提督馮玉崑由大東溝登陸進駐平壤，另調陸軍十餘營，乘英輪高陞號趕赴牙山並派八艘北洋軍艦護送，其中包括「濟遠」、「威遠」、「廣乙」三艦，但於半途遭日艦「吉野」、「浪速」、「秋津洲」截擊，雙方戰鬥約一小時，「廣乙」重創，「高陞號」沉沒，清軍戰死千餘人，日陸軍攻牙山，清軍大敗。

在日本方面，當 3 月朝鮮發生東學黨之亂後，明治天皇已經決定以武裝部隊干涉朝鮮事件[3]，6 月 5 日駐地於廣島的第五師團野津中將受命發出動員令，並將廣島附近地區之尾道、松江之各大隊納入原廣島部隊編組成「臨時混成旅團」，6 月 9 日第五師團步兵第十一聯隊約一千人作爲先遣部隊，從宇品港出發進入朝鮮；6 月 13 日其餘被徵召的人員報到，6 月 18 日以廣島、濱田爲主力之第五師團混成旅團六千人在朝鮮仁川港登陸，這批部隊加上先遣部隊於6月24日進入漢城。1894 年 7 月 25 日，日本在發動「豐島海戰」的同時，派陸軍大島義昌少將率第五師團從漢成南下，向駐紮在成歡的清軍進行猛烈的攻擊，28 日午夜，日軍占領佳龍里、月峰山兩地，清軍戰敗北撤，退至平壤。8 月 1 日清朝廷正式下詔對日宣戰，9 月 16 日日本為了作戰需要將部隊重新編組，在朝鮮戰場的部隊編裝成第一軍與第二軍，第五師團被編入第一軍。其戰編如下：第一軍（司令官：山縣有朋大將）：下轄第五師團（廣島師團）包括第九旅（步兵第十一、二十一聯隊）、第十旅（步兵第十二、二十二聯隊）；第三師團（名古屋師團）包括第五旅（步兵第二、十八聯隊）、第六旅（步兵第七、十九聯隊）。第二軍（司令官：大山巖大將）。

戰爭時期明治天皇御前會議移至廣島大本營內召開，明治天皇每日上午九時參與御前會議，其餘出席會議人員有內閣總理大臣：伊藤博文，外務大臣：陸奧宗光，陸軍大臣：大山巖，海軍大臣：西鄉從道，海軍軍令部長：樺山資紀，侍從武官長兼軍事內局長：岡沢精，參謀總長：栖川宮熾仁親王，參謀次長兼兵站總監：川上操六，野戰監督長官：野田豁通，運輸通訊長官：寺內正一，野戰衛生長官：石黑忠直，其它尚有陸軍參謀兩名，管理部長一名[4]。當時大本營之指揮組織結構如圖 3-1 所示[5]。

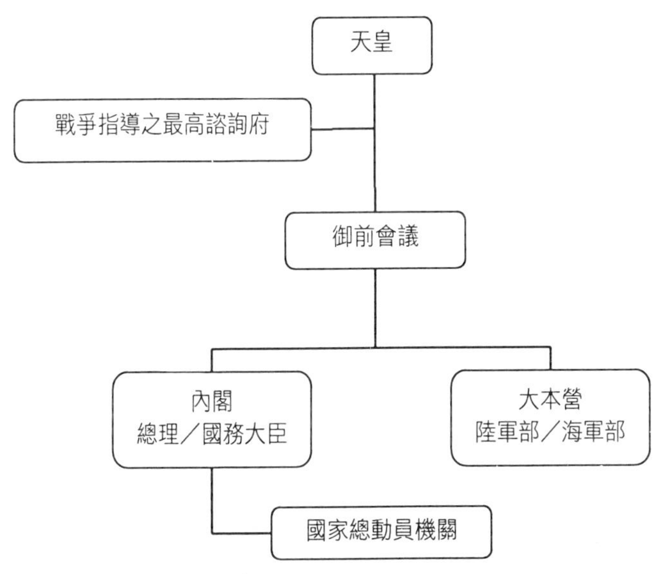

圖 3-1 明治天皇御前會議指揮組織結構

10 月 15 日明治天皇在廣島召開「臨時帝國第七次會議」，當時內閣成員爲總理：伊藤博文，外務大臣：陸奧宗光，內務大臣：野村靖，陸軍大臣：大山巖，海軍大臣：西鄉從道，大藏大臣：渡邊國武。會中由伊藤博文報告日清戰爭戰況，並在此次會議中通過支出軍費共一億五千萬日圓。1894 年 10 月 24 日日軍分兩路對清國部隊發動進攻，第一路在山縣有朋大將率領下，從朝鮮義州攻擊清軍的鴨綠江防線；第二路以陸軍大將大山巖爲司令官，由海路在遼東半島東岸的花園口登陸，進攻大連和旅順。日名將乃木希典時任第一旅團長，屬日軍第二軍，乃木當時率八千餘人從金州北攻占領蓋平[6]。

清軍戰事失利，1895 年（明治 28 年，光緒 20 年）2 月 7 日日清兩國海軍交戰，海戰一開始「定遠」即被擊沉，管帶劉步蟾自盡。北洋海軍提督丁汝昌見大勢已去，下令部隊沉船，士兵不應，丁汝昌自戕殉國。2 月 14 日北洋海軍投降，北洋艦隊及威海衛落入日本手中。

春帆樓議和

北洋艦隊戰敗，清國見大勢已去，即指派總理各國事務衙門大臣戶部侍郎張蔭桓、湖南巡撫邵友濂前往日本廣島議和，日本方面，因考量戰區擴大補給線拉長補給不易及國際壓力漸增，認爲戰爭宜適可止而於 3 月 20 日同意談判。談判之初，日本全權大臣伊藤博文以張蔭桓、邵友濂兩人「全權資格不足」爲理由，拒絕和議，並稱，中國如有誠心求和「必委其使臣以確實全權，選擇有名望官爵，足以擔保實行條約之人員當此大任」。1895 年 2 月，清政府授李鴻章[7]爲頭等全權大臣負責談判事宜，3 月 20 日李鴻章以全權大臣身分從宇品港上岸赴廣島與日本議和，中方代表除李鴻章外，還有其子李經芳[8]、羅豐祿、馬健忠、伍廷芳等；日本方面則以總理伊藤博文及外務大臣陸奧宗光爲主。李鴻章要求先停戰再議和，伊藤博文則要求清政府以大沽、天津、山海關爲質，雙方的談判前提有衝突，談判沒結果。第三次會議時伊藤威脅的表示，日軍正準備進攻台灣；會議結束，李鴻章由廣島附近下關之春帆樓返回行館途中，遭日本浪人小山豐太郎狙擊，李鴻章左頰中彈，日方爲免受世界輿論指責，始同意先停戰議和。

1895年4月17日（光緒21年3月23日）在下關春帆樓簽訂議和條款，共計十一條，史稱「馬關條約」。條約內容概略如下：大日本帝國大皇帝與大清帝國大皇帝陛下，爲訂定和約，俾兩國及其臣民重修平和共享幸福，且杜將來紛紜之端，大日本帝國大皇帝陛下特簡大日本帝國全權辦理大臣內閣總理大臣從二位勳一等伯爵伊藤博文、大日本帝國全權辦理大臣外務大臣從二位勳一等子爵陸奧宗光、大清帝國大皇帝陛下特簡大清帝國欽差頭等全權大臣太子太傅文華殿大學士北洋通商大臣直隸總督一等肅毅伯爵李鴻章、大清帝國欽差全權大臣二品頂戴前出使大臣李經芳爲全權大臣，彼此校閱所奉諭旨，認明均屬妥實無闕，會同議定。各條款開列於下：

第一款 中國認明朝鮮國確爲完全無缺之獨立自主國，故凡有虧損其獨立自主體制，即如該國向中國所修貢獻典禮等，嗣後全行廢決。

第二款 中國將管理下開地方之權，並將該地方所有堡壘軍器工廠及一切屬公物件，永遠讓與日本。台灣全島及所有附列各島嶼。澎湖列島，即英國格林尼次東經百十九度起至百二十度止，及北緯三十三度起至二十四度之間諸島嶼。

第四款 中國約將庫平銀二萬萬兩交與日本，作爲賠償軍費。該款分作八次交完。

第五款 台灣一省應於本約批准互換後，兩國立即各派大臣至台灣，限於本約批准後兩個月內交接清楚。

第八款 中國爲保證認真實行約內所訂條款，聽允日本軍隊暫行占守山東省威海衛。

1895 年 3 月 7 日日本陸軍大臣由長州藩出身的前總理（1889 年 12 月 24 日-1891 年 5 月 6 日）山縣有朋兼任，1895年5月8日（光緒 21 年 4 月 14 日），中日派員在山東煙台換約，5 月 10 日日本政府任命鹿兒島人樺山資紀爲台灣總督，授予接收台灣、澎湖群島之訓命，5 月 24 日第一任台灣總督兼軍事司令官海軍大將樺山資紀[9]率領文武官員自台灣總督府民政局長以下，以大島陸軍少將、角田海軍大佐爲首，計高等官員二十九名、判任官五十六名、憲兵隊一百三十七名，加上挑夫、馬夫、雜役等百名，從廣島宇品港出發，先在沖繩縣中城灣會合北白川宮能久親王爲師團長的近衛師團及有地品之丞[10]海軍中將所率領的軍團；6 月 2 日由李鴻章之子李經芳與台灣首任總督樺山資紀在基隆外海日鑑西京丸完成割台手續。

有關遼東半島部分，遼東半島是中日甲午戰爭的主要戰場之一，由於遼東半島地理位置特殊，如割讓予日本將影響列強多國權益，因此法、德、俄三國駐日本公使向日本政府提出備忘錄，要求日本不得占領遼東半島；俄太平洋艦隊及西伯利亞陸軍受命動員準備與日本作戰。在列強強力干預下，日本決定放棄遼東半島，而由清國增加賠償軍費三千萬兩作爲損失彌補。

1895 年 7 月 10 日第五師團主力部隊返回廣島，上午 10 點從宇品港上岸，當日，第五師團所管轄的八個地區，包括出雲、石見、隱岐、備中、備後、安芸、國防、長門等軍民，及廣島市民群集宇品港到廣島市役所前之間，共祝勝利，並於晚間歡樂的提燈遊行[11]。

台灣總督

隨著日本占領台灣，歷任台灣總督依序排列如下：(1)樺山資紀，1895 年晉升海軍大將，1895 年 5 月 10 日任命為首任台灣總督，任期一年一個月。(2)桂太郎，1896 年 6 月 2 日以陸軍中將軍階接任總督，任期僅四個多月。(3)乃木希典，1896 年 10 月 14 日 以陸軍中將軍階接任，曾參與日清戰爭，在馬關條約訂定之後於 1895 年 10 月 11 日親率第二師團由澎湖抵達枋寮外海，任期內掃除台灣的反日勢力。(4)兒玉源太郎，1898 年 2 月 26 日年以陸軍中將身分接任。(5)佐久間馬太，1886 年晉升為大將，1906 年 4 月 11 日被任命為總督，1914 年的太魯閣事件以司令官身分平剿，在任九年。(6)安東貞美，曾任日本陸軍士官學校校長，1915 年晉升大將，同年 4 月 30 日派任台灣。(7)明石元二郎，1918 年 6 月 6 日以陸軍中將軍階任職總督。(8)田健治郎，政友會，1919 年 10 月 29 日派任，畢業於東京帝大，1901 年當選眾議員，1916 年入閣，為台灣第一任文官總督。(9)內田嘉吉，政友會，1923 年 9 月 6 日派任。(10)伊澤多喜男，憲政會，1895 畢業於東京帝大，1924 年 9 月 1 日派任。(11)上山滿之進，憲政會，1895 畢業於東京帝大，1926 年 7 月 16 日派任。(12)川村竹治，政友會，1897 畢業於東京帝大，1928 年 6 月 15 日派任，曾任內務省參事官及司法大臣。(13)石塚英藏，民政會，1929 年 7 月 30 日派任，1930 年任內發生霧社事件。(14)太田政弘，民政會，1898 畢業東京帝大，1929 年任遼東半島長官，1931 年 6 月 16 日派任，曾任警保局長、縣知事。(15)

南弘，政友會，1896年畢業於東京帝大，1932年3月2日就任，任職僅三個月。(16)中川健藏，民政會，1902 年畢業於東京帝大，曾任東京知事，1932年5月27日就任。(17)小林躋造，1933年晉升海軍大將，1936年9月2日就任。因中、日關係惡化，此任開始日本派駐台灣總督從文官轉至武官。(18)長谷川，1940年11月27日以海軍大將官階就任。(19)安藤利吉，1944年12月30日以陸軍大將軍階就任，爲最後一位駐台總督，日本戰敗後，1946 年 4 月 19 日自殺。台灣總督府官制於1946年5月31日廢止。

由於在日清戰爭中，廣島扮演了重要的軍事、政治角色，建立了「軍都」的地位，因此，日本部分軍事或與軍事有關的人員、單位陸續移至廣島，廣島的人口激增，市區規模擴大，1889年4月1日「市」制實施當時城市的面積爲八十九萬八千四百七十坪，1904年（明治37年）9月，仁寶島村、宇品島及宇品町納入市區編制，1929 年（昭和 4 年）4月，仁保村、矢賀村、牛田村、三篠町、已斐町、古田村、草津町等接連地區，編入廣島市，此時廣島市的面積已擴大爲二百三十二萬九千三百坪爲 1889 年 4 月時的二點六倍[12]。電車亦有五條線開通，包括：廣島站至御幸橋，八丁堀至白島，紙町屋至已斐，御幸橋至宇品，左宮町至橫川[13]。

註釋

[1]1894年中日甲午戰爭，日本稱做「日清戰爭」。

[2]1885年（明治19年，光緒11年），李鴻章與伊藤博文於天津簽訂中日「天津條約」，中日兩國均撤退於朝鮮新舊黨之爭時派駐的軍隊，並規定：「將來朝鮮如有事，中日兩國或一國要派兵，應先互行文知照；及其事定，仍即撤回，不再留防。」。

[3]參閱：須山幸雄，《天皇と軍隊；明治篇；「大帝」への道・日清日露戦争》（東京：芙蓉書房，1985）。

[4]角田順，《石原莞爾資料──國防論策篇》（東京：原書房株式會社，昭和46年4月），頁188。

[5]同上，頁187。

[6]現今稱「蓋縣」。

[7]李鴻章，1823-1901，安徽合肥人，曾編練淮軍剿平太平天國，1870年任直隸總督兼北洋大臣，掌外交、軍事、經濟大權，甲午戰敗後為議和全權大臣。

[8]李經芳，1855-1934，安徽合肥人，李鴻章子，曾出使日本；甲午戰敗後隨其父與日本簽訂馬關條約，並為台灣交割特使，後曾出任駐英大使。

[9]樺山資紀，薩摩藩（鹿兒島）出身，海軍兵學校前身訓練班第一部畢業，於1895年5月10日任命為台灣總督當天同時晉升海軍大將。曾任樞密顧問官、海軍軍令部總長（1894年6月17日-1895年5月10日）。

[10]有地品之丞，長州藩（山口縣）出身，海軍兵學校前身訓練班第二部畢業。曾任橫須賀軍港司令官、海軍兵學校校長（1887年9月28日-1889年5月16日）、海軍軍令部總長（1889年5月17日-1891年6月17日）、常備艦隊司令長官、樞密顧問官。

[11]日清戰爭中在朝鮮戰場日軍戰死及病死總數為一萬七千二百八十二人，其中包括第五師團一千四百一十二人。

[12]《廣島原爆戰災誌》，第1卷第1編，總說，廣島：廣島市役所，昭和46年8月6日，頁20。

[13]同上。

第 4 章

北清事變（義和團事件）與日露（俄）戰爭

· 辛丑條約
· 日俄戰爭與日軍戰編
· 戰情
· 日軍指揮官

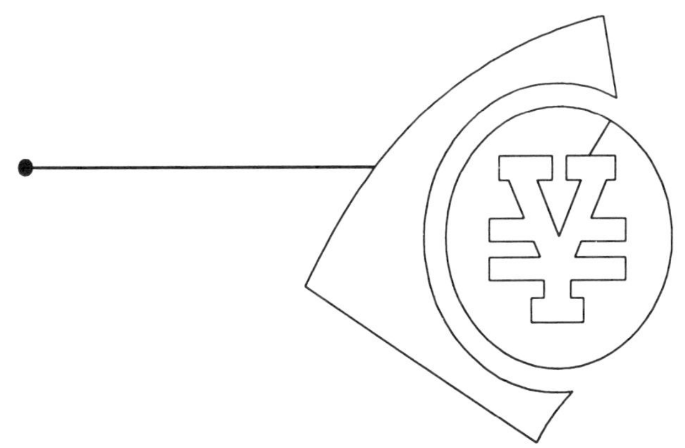

1900 年（明治 33 年）清朝發生義和團事件，同年 5 月底、6 月初各國軍艦二十四艘聚集大沽口外，6 月 17 日，攻陷大沽炮台，6 月 21 日，清政府正式向列強宣戰。日本藉駐北京使館書記生杉山彬被殺一事，與英、法、美、俄、德、奧、義等七國，以「八國聯軍」名義出兵中國，廣島的第五師團於 6 月 19 日在清政府正式宣戰前即派遣八百人，再度從宇品港出兵赴中國作戰，清政府宣戰後，6 月 26 日下達戰爭動員令，第五師團司令部及下轄之步兵第九旅，於 7 月 13 日從宇品港出發作戰。7 月 14 日，聯軍攻陷天津，8 月 14 日攻入北京城。八國本擬瓜分中國，然當時聯軍統帥瓦德西[1]（Alfred Waldersee）認爲「無論歐美日本各國，皆無此能力與兵力可以統治此天下四分之一人口；故瓜分之事，實爲下策」。1900 年 7 月，美國向各國發出第二次門戶開放通諜，主張「保持中國領土和行政權的完整」，各國基於瓜分中國後無法平衡利益衝突遂勉強贊同美國的意見。1901 年 7 月 12 日第五師團返回廣島。1901 年 9 月 7 日，慶親王奕劻[2]和李鴻章代表清政府與英、法、美、日、俄、德、奧、義、荷、比、西等十一國駐華公使在北京簽訂和約，因歲次辛丑，史稱「辛丑條約」。

辛丑條約

辛丑條約共有十二款及十九個附件，其內容綜整概略如下：(1)懲兇謝罪：德國公使克林德、日本公使館書記生杉山彬，在義和團運動中被殺，條約規定爲克林德建立牌坊，對杉山彬「用優榮之典」，並派王、大臣赴德、日「謝罪」。(2)懲辦「首禍諸臣將」；在外國「人民遇害被虐之城鎮，停止文武各等考試五年」，永遠禁止中國人民成立或加入任何反帝組織，「違者皆斬」；清政府地方官吏所屬境內「如復滋傷害諸國人民之事，或再有違約之行，必須立時彈壓懲辦」，否則「即行革職，永不敘用」。(3)禁入軍火：禁止中國輸入軍火兩年，必要時再續禁兩年。(4)賠償鉅款：中國向列強賠償四億五千萬兩，利息四厘，分三十九年以關稅、鹽稅抵還，共計九億八千餘萬兩。(5)設置使館區：在北京設立使館區，由外國駐兵防守，界內不准華人居住，一切行政由外人管理。(6)外國駐兵：拆毀大沽炮台及北京至山海關沿途各炮台，在天津周圍十公里內，不准駐紮中國軍隊，准許各國派兵駐紮在京榆鐵路沿線的山海關、秦皇島、昌黎、灤州、唐山、蘆台、塘沽、軍糧城、天津、楊村、廊坊、黃村等十二個戰略要地。禁止軍火和製造軍火的原料運入中國，爲期二年，還可延長禁運期。(7)禁止排外：禁止中國民眾成立或加入「與諸國仇敵之會」，違者皆斬。(8)設外務部：將「總理各國事務衙門」按各國之意改爲「外務部」，班列六部之首。

日本爲了表彰第五師團在中國勝利的戰績，及在此事件中爲帝國所獲得的利益之重大貢獻，而在廣島市西練兵場建立紀念碑以爲紀念，廣島市民爲帝國的輝煌戰績歡欣鼓舞。

日俄戰爭與日軍戰編

日俄戰爭是日本建立東亞霸權的一場重要戰爭，它是日本在世界軍事舞台上的轉捩點，是明治天皇軍事事務革命後日本軍力的總檢驗，也是第一次與東方以外的國家進行的一場正規化作戰。

1902 年俄國未遵守於該年 4 月 8 日與日本簽定的「東三省條約」從中國東北撤軍，1903 年 4 月明治天皇在京都與內閣總理桂太郎、外相小村壽太郎及伊藤博文、山縣有朋商討對俄政策[3]，6 月 23 日第一次御前會議，會中正式決定「滿韓交換」爲處理現階段關係的準則[4]，並由外相小村壽太郎與俄國協商，但俄國未予理會。1904 年 1 月 12 日第二次御前會議，明治天皇要求小村壽太郎再與俄磋商，俄仍不改其態度；2 月 4 日下午第三次御前會議，明治天皇決定對俄作戰，當時參加會議的人員有：伊藤博文（前第一、第五、第七代內閣總理）、山縣有朋（前第三、第九代內閣總理）、松方正義（前第一、第三代內閣大藏大臣，第四、第六代內閣總理）、井上馨（前第一代內閣外務大臣，第二代內閣農商務大臣，第五代內閣內務大臣，第七代內閣大藏大臣）等元老。其餘尚有現任內閣總理（第十一代）：桂太郎，外務大臣：小村壽太郎，陸軍大臣：寺內正毅，海軍大臣：山本權兵衛，參謀總長大山巖，大藏大臣：曾禰荒助[5]。

日俄戰爭前夕日本綜合國力已有相當的基礎，當時所顯示的數據如表 4-1[6]。

日俄戰爭日本方面之組織編裝，總司令官：大山巖大將，總參謀長：兒玉源太郎，日本本土全部參與的部隊有四個軍，下轄十四個師團及十七個旅團。其餘參與的部隊有滿

表 4-1 日俄戰爭前夕日本綜合國力數據

國名	人口（萬人）	國力	國家預算
日本皇國	4,900	100	22 億 6,000 萬
愛努王國[7]	1,800	45	10 億 2,000 萬
台灣公國	1,050	26	5 億 8,000 萬
琉球王國	50	1	2,000 萬
ニタインクル公國	600	15	3 億 3,000 萬
呂宋共和國[8]	1,900	30	6 億 8,000 萬
北海道諸侯國	150	3	6,000 萬
南洋諸侯國	200	2	4,000 萬
日本帝國	1 億 650 萬	222	49 億 9,000 萬
備註：國力部分以日本皇國為 100 作為基礎計算。			

州軍、鴨綠江軍。第一軍司令官：黑木爲禎大將，參謀長：藤井茂太少將。第二軍司令官：奧保鞏大將，參謀長：落合豐三郎少將、大迫尙道少將（1904 年 9 月 10 日接任）。第三軍司令官：乃木希典大將，參謀長：伊地知幸介少將、小泉正保少將（1905 年 1 月 23 日接任）、一戶兵衛少將（1905 年 3 月 16 日接任）、第四軍司令官：野津道貫大將，參謀長：上原勇作少將。滿州軍總司令官：大山巖元帥，總參謀長：兒玉源太郎大將。鴨綠江軍司令官：川村景明大將，參謀長：內山小二郎少將。其中參與日俄戰爭的師團、旅團及司令官之戰鬥序列如表 4-2 所示。

表 4-2 日本日俄戰爭師、旅團及司令官組織編裝

師團名稱	司令	任職	建制
近衛師團	長谷川好道中將		第一軍
	淺田信興中將	1904 年 9 月 8 日任職	
第一師團	伏見宮貞愛親王中將		第二軍／第三軍（1904 年 5 月 9 日編入）
	松村務本中將	1904 年 7 月 10 日任職	
	飯田俊助中將	1905 年 2 月 6 日任職	

（續）表 4-2 日本日俄戰爭師、旅團及司令官組織編裝

師團名稱	司令	任職	建制
第二師團	西　寬二郎中將		第一軍
	西島助義中將	1904 年 9 月 8 日任職	
第三師團	大島義昌中將		第二軍
	松永正敏中將	1905 年 10 月 18 日	
第四師團	小川又次中將		第二軍
	塚本勝嘉中將	1904 年 9 月 3 日任職	
第五師團	上田有沢中將		第二軍／第四軍（1904 年 6 月 20 日編入）
	木越安綱中將	1904 年 11 月 2 日任職	
第六師團	大久保春野中將		第四軍／第二軍（1904 年 6 月 20 日編入）
第七師團	大迫尚敏中將		第三軍
第八師團	立見尚文中將		第二軍
第九師團	大島久直中將		第三軍
第十師團	川村景明中將		第四軍
	安東貞美中將	1905 年 1 月 15 日任職	
第十一師團	土屋光春中將		第三軍／鴨綠江軍（1905 年 1 月 12 日編入）
	鮫島重雄中將	1904 年 12 月 1 日任職	
第十二師團	井上　光中將		第一軍
後備第一師團	阪井重季中將		鴨綠江軍
騎兵第一旅團	秋山好古少將		第二軍
騎兵第二旅團	載仁親王少將		第一軍／第三軍
	田村久井少將	1904 年 9 月 21 日任職	

（續）表 4-2 日本日俄戰爭師、旅團及司令官組織編裝

師團名稱	司令	任職	建制
野戰砲兵第一旅團	內山小二郎少將		第二軍
	福永宗之助少將	1905 年 3 月 3 日任職	
野戰砲兵第二旅團	大迫尚道少將		第三軍
	永田　龜少將	1904 年 9 月 12 日任職	
攻城砲兵司令部	豊島陽藏少將		第三軍
旅順要塞司令部	税所篤文少將	1906 年 4 月 16 日任職	第三軍
近衛後備步兵旅團	酒井元太郎少將	1904 年 2 月 5 日任職	第一軍
近衛後備混成旅團	梅沢道治少將	1904 年 7 月 31 日任職	第一軍
後備步兵第一旅團	友安治延少將		第三軍／第二軍
	隱岐重節少將	1904 年 7 月 21 日任職	
後備步兵第三旅團	大久保利貞少將		第四軍
後備步兵第四旅團	武內正策少將		第三軍
後備步兵第五旅團	粟飯原常世少將	1904 年 6 月 19 日	第一軍
後備步兵第八旅團	岡見正美少將		第二軍
後備步兵第十旅團	門司和太郎少將		第四軍
後備步兵第十一旅團	隱岐重節少將	1904 年 7 月 21 日任職	第二軍／第四軍
後備步兵第十三旅團	河野通行少將	1904 年 1 月 13 日任職	第一軍
後備步兵第十四旅團	齋藤德明大佐		第二軍
後備步兵第十五旅團	松居吉統大佐		第三軍
後備步兵第十六旅團	丸井政亞少將		鴨綠江軍

海軍方面，日俄戰爭的當時日本聯合艦隊已有相當的實力。聯合艦隊的規模包括：聯合艦隊司令：東鄉平八郎中將。第一艦隊：司令：東鄉平八郎，下轄第一、第三戰隊，第一戰隊包括戰艦「三笠」、「初瀨」、「朝日」、「敷島」、「富士」及「八島」，裝甲巡洋艦「春日」及「日進」，第三戰隊包括巡洋艦「笠置」、「高砂」、「音羽」、「新高」及驅逐隊三隊，水雷艇隊一隊[9]。

第二艦隊：司令：上村彥之承中將，下轄第二、第四戰隊，第二戰隊包括裝甲巡洋艦「出雲」、「吾妻」、「常盤」、「八雲」、「淺間」、「磐手」，第四戰隊包括巡洋艦「浪速」、「吉野」、「高千穗」、「千歲」及驅逐隊三隊，水雷艇隊一隊。

第三艦隊：司令：片岡七郎中將，下轄第五、第六、第七戰隊，第五戰隊包括海防艦「巖島」、「松島」、「橋立」、「鎭遠」，第六戰隊包括巡洋艦「須磨」、「明石」、「秋津州」、「千代田」、「和泉」。第七戰隊包括舊式海防艦、砲艦六艘。

除上述三個艦隊外另有水雷艇五隊，及一支附屬特務艦隊（包括武裝商船十八艘）。

戰情

1904 年 2 月 6 日晚，日本聯合艦隊司令東鄉平八郎[10]率艦隊駛離佐世保港前進至旅順外海， 2 月 7 日，日俄兩國斷絕外交關系，2 月 8 日陸軍第十二師團先遣隊（步兵四個大隊）由木越安綱少將指揮登陸仁川港並進軍漢城，同日，東鄉的聯合艦隊派出十餘艘驅逐艦駛近旅順基地，晚 10時，發射十八枚魚雷偷擊駐防旅順港之俄國太平洋艦隊，擊沉俄軍兩艘最大最新銳的戰艦及一艘重巡洋艦。次日午時之前，雙方各出動十餘艘戰艦在遼東灣接戰，俄軍失利退回旅順港；東鄉在航道上設置沉船，並用水雷封鎖旅順口，俄艦隊被困在旅順港內。2 月 16 日至 26 日陸軍第十二師團主力部隊由仁川上岸向北推進。3 月 13 日至 29 日近衛師團與第二師團由鎮南浦登陸，4 月 12 日，東鄉再率日軍艦隊進攻旅順港，俄艦隊出港與日艦隊交戰，旗艦「彼得羅巴甫洛夫斯克」號被引入雷區觸雷沉沒，艦隊司令馬卡羅夫將軍陣亡，日本海軍掌控了黃海制海權；陸軍第一軍於 5 月 1 日占領九連城，6 日占領鳳凰城，7 日占領寬甸城。第二軍於 5 月 5 日從遼東半島之塩大澳登陸，6 日占領普蘭店，25 日至 26 日攻打金州、南山兩地，27 日占領南關嶺、柳樹屯，28 日占領大連（青泥窪）。

日俄戰爭開始後第五師團於 4 月 19 日發出對俄作戰動員令，5 月 15 日廣島第五師團從宇品港出兵中國東北加入乃木希典部隊，7 月由長州藩出身的乃木希典指揮第三軍包圍旅順要塞，8 月 19 日乃木希典對旅順要塞發動總攻擊，戰況慘烈，至 1905 年 1 月 1 日，在戰事持續一百五十五天日軍以傷亡高達八萬人的代價攻陷旅順，乃木希典的兩個兒子，長子乃木勝典中尉、次子乃木保典少尉均戰死戰場。3 月 10 日日本陸軍占領了奉天，陸軍第五師團在旅順攻防戰中犧牲慘重。

1904 年 9 月 26 日，俄派遣七艘戰列艦、六艘巡洋艦、九艘驅逐艦、一艘醫院船、一艘工作船和其它後勤輔助船艦組成的第二太平洋艦隊離開芬蘭灣，馳援俄軍；1904 年 10 月 3 日艦隊抵達丹吉爾並重新整編， 11 月中旬艦隊繞過好望角， 1905 年 1 月 9 日抵達馬達加斯加的貝島進行休整，3 月 16 日駛出貝島，3 月 30 日進入印度洋，4 月 8 日通過麻六甲海峽進入南海，在越南金蘭灣再次休整並與第三太平洋艦隊會合。5 月，俄國艦隊捨津輕、宗谷海峽，選擇通往海參崴最近的海路對馬海峽而過， 5 月 27 日在對馬海峽南口五島列島以西海域擔任偵察監視任務的日海軍偵察船「信濃丸」發現了航跡北上的俄國「奧勒爾」醫院船的燈光，拂曉時「信濃丸」向日本聯合艦隊司令部發出了預先律定「今天天氣晴朗，但海浪很高」的密碼電報，該密碼等同「發現敵艦隊」信號。接到「信濃丸」的報告後，東鄉旗艦「三笠」號戰艦升起「Z」字旗號令日本聯合艦隊出擊，當時東鄉旗下兵力有：四艘戰列艦、二十三艘巡洋艦、二十艘驅逐艦、一艘海防艦，一共有四十八艘戰鬥艦艇。中午 13 時 45 分兩艦隊於對馬海峽沖島附近相遇。俄海軍以八十八艘各式艦艇分三列縱隊前行，航向東北，日艦隊航向西南，雙方航跡對立，海戰開始。三十個小時後，俄艦戰敗，艦隊司令羅日杰斯特文斯基上將的旗艦「蘇沃洛夫」號被擊沉，他本人身負重傷，被日軍俘虜，日軍獲勝。

1905 年 9 月日俄條約簽訂後當年 12 月底，第五師團部隊陸續由中國東北返回，1906 年 1 月 3 日步兵第四十一聯隊先返回宇品港到廣島，同月 9 日第五師團全部人員返回，廣島市民夾道歡迎。明治天皇在日清戰爭及日俄戰爭中戰功顯赫，此舉使日本軍部躊躇滿志信心滿滿，至此日本已奠定了強國的地位。

日俄戰爭日本戰死、傷、病者十三萬人，包括廣島第五師團的二千七百三十五人。

日軍指揮官

日俄戰爭中日軍有兩位重要的指揮官，陸軍第三軍司令

官乃木希典及海軍聯合艦隊司令東鄉平八郎。乃木希典生於1849年12月25日（嘉永2年11月11日），父：乃木希次，母：壽子，乃木長州藩出身，長州藩士在明治時期多占據陸軍重要軍職，1867年乃木希典參加討幕戰爭，1877年參加殲滅薩摩藩士西鄉隆盛領導叛亂的西南戰爭。1885年晉升少將任第十一步兵旅旅長，1886年11月赴德國深造，1888年4月返國，1889年3月任近衛步兵第二旅團長，1894日清戰爭時擔任第三軍步兵第一旅旅長，參與旅順要塞攻防戰，1896年以陸軍中將軍階任台灣總督，1902年退役。1904年日俄戰爭時期被徵召重返陸軍擔任第三軍司令官，晉升上將，1907年1月31日任學習院院長教導日後之昭和天皇及其它皇族，同年9月獲伯爵封賜，1912年9月13日明治天皇大葬當日與妻殉葬。

東鄉平八郎，1847年出生於日本鹿兒島，鹿兒島爲薩摩藩的據點，薩摩藩士的軍事成就多在海軍，1866年東鄉加入海軍，1870年5月4日日本兵部省制訂了「大辦海軍方案」，該方案強調海軍各階層領導軍官素質的重要性，軍官素質則是海軍建軍的根本，1871年2月東鄉在該方案政策下赴英國深造，1894年日清戰爭，東鄉平八郎以海軍大佐官階擔任「浪速」號巡洋艦艦長；1895年4月晉升海軍少將，同年5月出任南方艦隊司令官，1898年晉升海軍中將。1900年任日本海軍常備艦隊司令官，義和團事件時率艦隊加入八國聯軍對清朝作戰，日俄戰爭後於 1905 年以大將官階出任日本海軍軍令部部長，並獲伯爵封賜，列爲華族，1913 年晉升爲海軍元帥，1934 年獲封爲侯爵，同年去世，年 86 歲。

註釋

[1] 瓦德西（Alfred Waldersee, 1832-1904）。

[2] 慶親王奕劻（1836-1918）。

[3] 明治天皇在出席大阪舉行的「勸業博覽會」時，與該四人在京都集會。

[4]「滿韓交換」原則內容為日本承認俄國在中國東北的主權，而俄國則承認日本在朝鮮的主權。

[5] 角田順，《石原莞爾資料──國防論策篇》，前揭書，頁 188。

[6] http://www.cwo.zaq.ne.jp/bface700/taiyou_nitiro_0.html。

[7] 愛努王國（アイヌ王國），愛努為日本少數民族，居住地點主要在北海道，明治時代於 1899 年制定「北海道舊土人保護法」，將他們定義為「舊土人」。

[8] 1868 年 4 月「呂宗」發表自治獨立宣言，建立「呂宗共和國」受日本管轄。

[9] 野村實，《帝國海軍》（東京：太平洋戰爭研究室，1995），頁 294。

[10] 東鄉平八郎曾參與甲午海戰，因在 1900 義和團事件有功，獲明治天皇授予一等旭日大綬章。

第5章

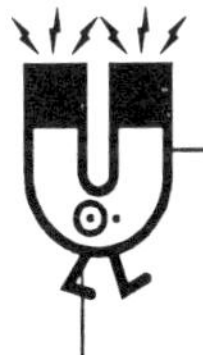

中日戰爭

· 田忠義一與田中奏摺
· 戰爭揭幕
· 日本內閣人事
· 日軍編裝及南京圍城
· 徐州會戰與日軍將領

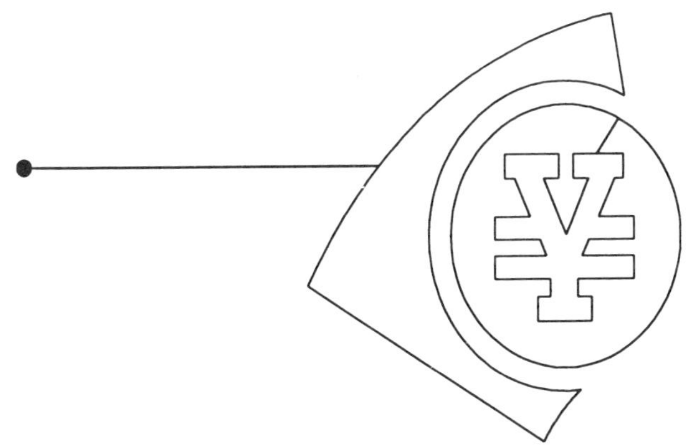

1914 年（大正 3 年）7 月爆發第一次世界大戰，這次戰爭與日本應該毫無關係，但爲了在中國的利益，日本與其它歐洲國家一樣向德國宣戰，並決定派兵到中國山東、青島等德國在中國的勢力區作戰，8 月 24 日第五師團再度從廣島出發。戰事進展順利，11 月 8 日日軍占領青島，勝利的消息傳回日本，廣島的市民歡欣鼓舞並在市區集中於晚間提燈遊行慶祝。戰爭結束後同年 12 月 2 日第五師團返回廣島。

1917 年 10 月俄國大革命，爲了趁此機會瓜分俄國利益，日本與美國及其它列強派軍進入西伯利亞，1918 年初第五師團再度派兵由宇品港出海至俄羅斯作戰，1920 年當英、法、美宣布停止在俄駐軍後，同年 2 月第五師團返回廣島。

田忠義一與田中奏摺

1927 年 6 月 27 日至 7 月 7 日，日本第二十六代內閣總理田中義一在其主持多次的「東方會議」中，發表「對華政策綱領」，策劃侵略中國的步驟及對華政策之具體指針；參與會議的有日本政府各省次官、陸軍部次官、參謀本部次長、軍務局長、軍令部次長、關東廳長官、參贊、通商局長、歐美局長、大藏省理財局長、朝鮮總督府警務局長、駐華大使，及駐奉天（瀋陽）、漢口、上海的總領事等。1928 年 5 月 14 日日軍第三師團從廣島宇品港出發進入中國山東半島，

6 月田中義一秘密向天皇呈遞了一份奏摺，這份用「西內城」精繕而成的文件被稱爲「田中奏摺」，內容涉及八個方面，長達六十多頁。「田中奏摺」的內容係來自「東方會議」紀要。「田中奏摺」內表示日本海外擴張戰略步驟之推理邏輯爲「欲征服世界，必先征服支那（中國），欲征服支那，必先征服滿蒙」，「倘支那完全被我國（日本）征服，其它小亞細亞及印度南洋等之民族，必畏我而降於我」，「使世界知東亞爲日本之東亞，永不敢向我侵犯，此乃明治大帝之遺策，亦是我帝國存亡上必要之事」，此外，「田中奏摺」中亦述「寓明治大帝之遺策，第一期征服台灣，第二期征服朝鮮，既然實現，惟第三期滅亡滿蒙以及征服支那領土，使異服之南洋及亞細亞全帶，無不畏我仰我鼻息之云云大業，尙未實現，此皆臣等之罪也」。

爲了「除罪」，按「田中奏摺」之戰略步驟，日本軍部於 1931 年之「形勢判斷」研究中，設計解決滿蒙問題的三個階段，第一階段：建立親日新政權，第二階段：滿蒙獨立，第三階段：占領滿蒙。在「解決滿蒙問題方策大綱」中則律定以一年爲期。同年 8 月 1 日畢業於陸軍士校九期的本莊繁中將被任命爲關東軍司令。

田中義一，生於 1864 年（元治元年），長州藩士田中信祐第三子，1876 年，14 歲時參與前原一誠爲首的「萩」亂

（「萩」爲田中義一出生地），1883 年 2 月進入陸軍教導團，同年 12 月轉入舊制陸軍士官學校第八期，1886 年（明治 19 年）6 月 25 日任官，同期同學有大庭二郎大將、河合操大將（1915 年 1 月 25 日以少將官接任陸軍大學校長，1921 年 1 月 6 日曾以中將官階任關東軍司令官，同年 4 月 9 日晉升大將）、山梨半造大將（1921 年 11 月 13 日高橋是清內閣之陸軍大臣）、淺川敏靖中將、橋本勝太郎中將（1912 年 11 月 27 日以少將官階任陸軍士校校長，1915 年 2 月 15 日以中將官接任憲兵司令官）、栗田直八郎中將、佐藤鋼次郎中將（1918 著《國民的戰爭及國家總動員》一書）、藤井幸槌中將（大正 8 年任近衛第二師團長）、宮田太郎中將、小池安之中將（1916 年 3 月 24 日任憲兵司令官）及鑄方德藏中將。田中於 1889 年 12 月入陸軍大學，1894 年參與日清戰爭任職師司令部參謀，1898 年赴俄國深造，1904 年日俄戰爭時任滿洲軍參謀，1910 年晉升少將，次年出任陸軍省軍務局長，1915 年晉升中將任陸軍參謀次長，1918 年 9 月 29 日任第十九代原敬內閣陸軍大臣一職。1920 年 9 月 7 日升任陸軍大將，受封男爵，列入華族。1923 年 9 月 2 日，擔任第二十二代山本權兵衛第二次內閣之陸軍大臣，1927 年 4 月 20 日繼若禮次郎內閣後組閣擔任第二十六代內閣總理並兼任外務大臣、內務大臣及務拓大臣。1929 年 7 月 2 日內閣總辭，由濱口雄幸接掌總理一職，1929年（昭和4年）9月28日歿，年67歲。

戰爭揭幕

1928年6月4日張作霖在瀋陽車站北側約一公里與南滿鐵路交叉點的皇姑屯被土肥原賢二策劃炸死，張學良繼其父之職成爲新的東北保安總司令，並拒絕田中內閣之駐奉天總領事林久治郎所提與日本合作的建議，決定歸順南京中央，12月中旬，蔣介石派張群、吳鐵城等人到瀋陽，代表南京政府任命張學良爲東北邊防軍司令長官，12月29日張學良通電全國宣布東北易幟。張學良歸附南京中央之舉，使日本在東北「建立親日新政權」的計畫失敗，日本軍部因此被迫重新建構新的解決滿蒙政策，決定放棄間接控制而直接進入軍事行動占領滿蒙。1931年8月28日，日軍以大尉中村麗太郎失蹤爲藉口，增兵東北，9月18日晚上十時十分河本守末中尉在距離東北軍瀋陽北大營炸毀一處鐵軌，並以南滿鐵路被毀爲理由攻擊瀋陽東北軍第七旅駐扎之北大營基地，製造了「九一八事變」。

「九一八事變」後日軍占領遼寧、吉林、黑龍江等東北三省，當年12月17日廣島第五師團編組成中國派遣隊，21日由宇品港登船出兵東北。此外，日軍再於1932年1月28

日突襲上海國軍，炮轟吳淞要塞，製造了「一二八事變」。

1937年（昭和12年）7月7日日軍於北平西南的蘆溝橋附近進行軍事演習，以一名騎兵失蹤爲藉口，不顧中國主權強行進入宛平縣搜索，引爆蘆溝橋戰火，中日全面開戰。蘆溝橋事件後近衛文磨內閣立即派遣包括廣島陸軍第五師團在內的三個師團到中國；7月14日廣島市舉行市民大會，會中民情激昂，一致支持日本對中國作戰並誓爲大皇軍的勝利共同奮鬥，7月中旬第五師團師團長：板垣征四郎下達總動員令，8月1日該師團先遣部隊之步兵第十一聯隊、第四十一聯隊從宇品港出發，8月24日廣島臨時縣議會集會，會中通過支持戰費十四萬日圓，表示廣島民眾對天皇的效忠及對戰爭的支持。

1937年11月9月山西太原陷落，第五師團爲太原攻城戰的主力部隊，消息傳回，廣島市民舉市歡騰，人民聚集市區揮舞者旗幟歡呼，並於晚間提燈遊行慶祝。12月13日，日軍攻下南京，並展開大屠殺，因南京爲中國的首都，南京陷落對日本的意義重大，廣島市民再度慶祝日軍勝利，歡欣鼓舞，全市張燈結彩，民眾提燈遊行。

1938年3月25日，與板垣征四郎同爲陸軍士校第十六期的同學磯谷廉介所統領的第十師團，與板垣的第五師團合攻台兒莊陣地，磯谷第十師團部屬左翼，板垣第五師團部屬右翼，戰事對日軍不利，4 月 7 日日軍潰敗退出台兒莊戰場，戰鬥歷時十三天，日軍死亡人數超過一萬六千人，該役是日本皇軍自明治維新成軍以來在戰場上第一次最大的敗仗，惟此一敗仗並不影響板垣仕途，同年 6 月 3 日板垣升任陸軍大臣，板垣的升遷代表日本政府對中國戰區的樂觀態度。

日本內閣人事

蘆溝橋事件之前日本國內的政壇更替頻繁，爲了中國戰事的需要，內閣不斷重組。1936 年 3 月 9 日廣田弘義出任第三十二代內閣總理，廣田弘義組閣後立即提出「庶政一心」和「廣義國防」兩大政、軍政策，8 月於「五相會議」中確定「北進」、「南進」並行之「國策大綱」，加強軍事建設。1937 年 1 月執政不到一年的廣田內閣在陸軍大臣寺內壽一的壓迫下總辭，2 月 2 日陸軍大將林銑十郎受命組第三十三代內閣，林銑內閣強調「祭政一致」、「建立臨戰體制」，支持「統制派」[1]的軍事觀點。5 月 31 日林銑十郎辭職，6 月 4 日近衛文磨在日本政壇元老西元寺的推薦下接任第三十四代內閣總理，近衛組閣後聲稱其內閣任務對內「實行社會主義」，對外「實行國際主義」，他認爲「世界領土如不能公平的分配，國際主義實行的就不夠徹底」，日本必須確保「民族的生存權」，因此要徹底執行大陸政策，其內閣負有實現「國際主義」的使命，而實現國際主義的方法爲「三大自由」──即「獲得資源的自由」、「開拓銷路的自由」及「爲開發資源所需勞動力移動的自由」[2]，近衛內閣爲其侵華的軍事行動建構了一套發動戰爭的理論基礎。

從表 5-1 所列廣田弘義內閣到近衛文磨內閣之重要人事異動可以瞭解日本內閣此一時期的變化。

表 5-1 廣田內閣至近衛內閣之重要人事異動

內閣	廣田內閣	林銑內閣	近衛內閣
外務大臣	廣田弘毅（兼） 有田八郎（1936／4／2-）	林銑十郎（兼） 佐藤尚武（1937／3／3-）	廣田弘毅 宇垣一成[3]（1938／5／26-） 近衛文磨（兼）（1938／9／30-） 有田八郎（1938／10／29-）
內務大臣	潮惠之輔	河原田稼吉	馬場鍈一 末次信正[4]（1937／12／14-）
大藏大臣	馬場金英一	結城豊太郎	賀屋興宣 池田成彬（1938／5／26－）
陸軍大臣	寺內壽一	中村孝太郎 杉山元（1937／2／9－）	杉山元 板垣征四郎（1938／6／3－）
海軍大臣	永野修身	米內光政	米內光政

不論是廣田、林銑，還是近衛內閣，對中國政策綱領或有不同，但主戰的立場卻完全一致。由於近衛家族與皇室有著特殊的關係，其擔任內閣總理獲得日本天皇及軍部的大力支持，而其內閣任內對中國的影響甚大值得重視，1937 年 6 月 4 日至 1939 年 1 月 5 日此一影響中日兩國未來歷史的近衛內閣閣員為[5]：

內閣總理大臣：近衛文磨。

外務大臣：廣田弘毅、宇垣一成（1938 年 5 月 26 日接任）、近衛文磨（兼）（1938 年 9 月 30 日接任）、有田八郎（1938 年 10 月 29 日接任）。

內務大臣：馬場金英、末次信正（1937 年 12 月 14 日接任）。

大藏大臣：賀屋興宣、池田成彬（1938 年 5 月 26 日接任）。

陸軍大臣：杉山 元、板垣征四郎（1938 年 6 月 3 日接任）。

海軍大臣：米內光政。

司法大臣：鹽野季彥。

文部大臣：安井英二、木戶幸一（1937 年 10 月 22 日接任）、荒木貞夫（1938 年 5 月 26 日接任）。

農林大臣：有馬賴寧。

商工大臣：吉野信次、池田成彬（兼）（1938 年 5 月 26 日接任）。

遞信大臣：永井柳太郎。

鐵道大臣：中島知久平。

拓務大臣：大谷尊由、宇垣一成（兼）（1938 年 6 月 25 日接任）、近衛文磨（兼）（1938 年 9 月 30 日接任）、八田嘉明（1938 年 10 月 29 日接任）。

厚生大臣：（1938 年 1 月 11 日設厚生省）：木戶幸一（兼）、木戶幸一（1938 年 5 月 26 日真除）。

內閣書記官長：風見章。

法制局長官：瀧正雄、船田中（1937 年 10 月 25 日接任）。

日軍編裝及南京圍城

組閣當天，近衛表示要履行所謂的國際正義，日本軍部向外擴張的主張與近衛的對外政策完全一致。1937 年 7 月 7 日中日軍隊在蘆溝橋開戰；8 日清晨，日軍牟田聯隊長率步、砲兵四百多人開始攻城。7 月 11 日近衛文磨在東京召開五相會議，參加會議的人員：近衛總理、陸軍大臣杉山元、海軍大臣米內光政、外務大臣廣田弘毅、大藏大臣賀屋興宣，會中決議增兵華北，參謀總長載仁親王與與近衛總理、陸軍大臣杉山元、海軍大臣米內光政均採強硬立場，杉山元且有「三月亡華」之論；五相會議有關軍事方案決議派遣五個師團赴華北作戰，先以三個師團爲前導，該三個師團包括板垣征四郎的第五師團，及磯谷廉介的第十師團[6]等， 7 月 28 日日軍對北平、天津兩地同時發動全面進攻，國軍二十九軍副軍長佟麟閣和一百三十二師師長趙登禹被日軍炸死兩天後北平、天津淪陷，8 月 13 日日軍進攻上海，11 月 12 日上海淪陷，12 月 13 日南京淪陷。昭和天皇下令犒賞占領南京的日軍每人一杯「御酒」，十支香菸；並發表談話，讚揚日軍的英勇[7]。

1937 年 12 月日本華中方面軍及華北方面軍參與了南京攻城戰，華中方面軍爲攻城主力部隊，其編組及各級司令官如表 5-2。

攻陷中國首都南京，對日本意義重大，因此，日軍以總兵力約二十萬人，分六路圍攻南京。其中包括上海派遣軍下轄之：第九、第十一、第十三、第十六師團。第十軍下轄之：第六、第十八、第一一四，及來自廣島的第五師團。其中第十三師團、第十一師團各一部編成天谷支隊（以步兵第十旅團長天谷直次郎少將之名編成）。第十三師團之步兵第六十五連隊組成山田支隊（以步兵第一零三旅團長山田梅二少將之名編成）。11 月 30 日廣德陷落，12 月 5 日句容陷落，8 日蕪湖陷落，9 日南京外圍要地龍潭湯山、淳化鎮、秣陵關失守，南京防衛戰開始，12 日清晨日軍攻陷城西南之中華門，日軍於 13 日晨 9 時左右由中華門及中山門進入市區，南京淪陷，「南京大屠殺」隨即開始。

南京大屠殺之前，從 1937 年 9 月 9 日到 10 月 14 日之間，日軍即在山西省及其它被占領的省市連續屠城，以保守的估計，其中一次屠殺平民千人以上的有陽高、天鎮、靈丘、朔縣、寧武、崞縣、南懷化、雁門關、保定、固安、正定、梅花鎮、成安、常熟、江陰、杭州、無錫、上海等城鎮，而南京一地則超過三十萬人被屠殺；第二次世界大戰結束後，遠東國際法庭的判決指明：「在日軍占領後最初六個星期內，南京及其附近被屠殺的平民和俘虜，總數達二十萬以上」，「南京四周約二百華里以內的所有村莊，都處於相同的情況」。「南京大屠殺」最嚴重階段是從 1937 年 12 月 13 日南京淪陷，至 1938 年 2 月 5 日新任日本南京守備司令官天谷直次郎到任。

表 5-2 華中方面軍其編組及各級司令官

華中方面軍司令官：松井石根大將

<table>
<tr><th>軍</th><th>師團</th><th>旅團</th><th>連隊</th><th>連隊長</th><th>編成地</th></tr>
<tr><td rowspan="15">上海派遣軍
朝香宮
鳩彥王中將</td><td rowspan="5">第三師團
藤田進中將
（名古屋）</td><td rowspan="2">步兵第五旅團
片山理一郎少將</td><td>步兵第六連隊</td><td>川並密大佐</td><td>名古屋</td></tr>
<tr><td>步兵第六十八連隊</td><td>鷹森孝大佐</td><td>岐阜</td></tr>
<tr><td rowspan="2">步兵第二十九旅團
上野勘一郎少將</td><td>步兵第十八連隊</td><td>石井嘉穗大佐</td><td>豊橋</td></tr>
<tr><td>步兵第三十四連隊</td><td>田上八郎大佐</td><td>靜岡</td></tr>
<tr><td colspan="4">騎兵第三、野砲兵第三、工兵第三、輜重兵第三連隊</td></tr>
<tr><td rowspan="5">第九師團
吉住良輔中將
（金沢）</td><td rowspan="2">步兵第六旅團
秋山義兌少將</td><td>步兵第七連隊</td><td>伊佐一男大佐</td><td>金沢</td></tr>
<tr><td>步兵第三十五連隊</td><td>富士井末吉大佐</td><td>富山</td></tr>
<tr><td rowspan="2">步兵第十八旅團
井出宣時少將</td><td>步兵第十九連隊</td><td>人見秀三大佐</td><td>敦賀</td></tr>
<tr><td>步兵第三十六連隊</td><td>脇坂次郎大佐</td><td>東京</td></tr>
<tr><td colspan="4">騎兵第九、山砲兵第九、工兵第九、輜重兵第九連隊</td></tr>
<tr><td rowspan="5">第十一師團
山室宗武中將
（善通寺）</td><td rowspan="2">步兵第十旅團
天谷直次郎少將</td><td>步兵第十二連隊</td><td>安達二十三大佐</td><td>丸龜</td></tr>
<tr><td>步兵第二十二連隊</td><td>永津佐比重大佐</td><td>松山</td></tr>
<tr><td rowspan="2">步兵第二十二旅團
黑岩義勝少將</td><td>步兵第四十三連隊</td><td>淺間義雄大佐</td><td>德島</td></tr>
<tr><td>步兵第四十四連隊</td><td>和知鷹二大佐</td><td>高知</td></tr>
<tr><td colspan="4">騎兵第十一、山砲兵第十一、工兵第十一、輜重兵第十一連隊</td></tr>
</table>

（續）表 5-2 華中方面軍其編組及各級司令官

軍	師團	旅團	連隊	連隊長	編成地
上海派遣軍 朝香宮 鳩彥王中將	第十三師團 荻洲立兵中將 （仙台）	步兵第二十六旅團 沼田德重少將	步兵第五十八連隊	倉林公任大佐	高田
			步兵第一一六連隊	添田孚大佐	新発田
		步兵第一零三旅團 山田梅二少將	步兵第六十五連隊	岡角業作大佐	會津若松
			步兵第一零四連隊	田代元俊大佐	仙台
		騎兵第十七、山砲兵第十九、工兵第十三、輜重兵第十三連隊			
	第十六師團 中島今朝吾中將 （京都）	步兵第十九旅團 草場辰巳少將	步兵第九連隊	片桐護郎大佐	京都
			步兵第二十連隊	大野宣明大佐	福知山
		步兵第三十旅團 佐佐木到一少將	步兵第三十三連隊	野田謙吾大佐	津
			步兵第三十八連隊	助川靜二大佐	奈良
		騎兵第二十、野砲兵第二十二、工兵第十六、輜重兵第十六連隊			
	第一零一師團 伊東政喜中將 （東京）	步兵第一零一旅團 佐藤正三郎少將	步兵第一零一連隊	飯塚國五郎大佐	東京
			步兵第一四九連隊	津田辰參大佐	甲府
		步兵第一零二旅團 工藤義雄少將	步兵第一零三連隊	谷川幸造大佐	東京
			步兵第一五七連隊	福井浩太郎大佐	佐倉
		騎兵第一零一、野砲兵第一零一、工兵第一零一、輜重兵第一零一連隊			

（續）表 5-2 華中方面軍其編組及各級司令官

<table>
<tr><th>軍</th><th>師團</th><th>旅團</th><th>連隊</th><th>連隊長</th><th>編成地</th></tr>
<tr><td rowspan="16">第十軍柳川平助中將</td><td rowspan="5">第六師團谷壽夫中將（熊本）</td><td rowspan="2">步兵第十一旅團坂井德太郎少將</td><td>步兵第十三連隊</td><td>岡本保之大佐</td><td>熊本</td></tr>
<tr><td>步兵第四十七連隊</td><td>長谷川正憲大佐</td><td>大分</td></tr>
<tr><td rowspan="2">步兵第三十六旅團牛島滿少將</td><td>步兵第二十三連隊</td><td>岡本鎮臣大佐</td><td>都城</td></tr>
<tr><td>步兵第四十五連隊</td><td>竹下義晴大佐</td><td>兒島</td></tr>
<tr><td colspan="4">騎兵第六、野砲兵第六、工兵第六、輜重兵第六連隊</td></tr>
<tr><td rowspan="5">第十八師團牛島貞雄中將（久留米）</td><td rowspan="2">步兵第二十三旅團上野龜甫少將</td><td>步兵第五十五連隊</td><td>野副昌德大佐</td><td>大村</td></tr>
<tr><td>步兵第五十六連隊</td><td>藤山三郎中佐</td><td>久留米</td></tr>
<tr><td rowspan="2">步兵第三十五旅團手塚省三少將</td><td>步兵第一一四連隊</td><td>片岡角次中佐</td><td>小倉</td></tr>
<tr><td>步兵第一二四連隊</td><td>小堺芳松中佐</td><td>福岡</td></tr>
<tr><td colspan="4">騎兵第二十二大隊、野砲兵第十二、工兵第十二、輜重兵第十二連隊</td></tr>
<tr><td rowspan="5">第一一四師團末松茂治中將（宇都宮）</td><td rowspan="2">步兵第一二七旅團秋山充三郎少將</td><td>步兵第六十六連隊</td><td>山田常太中佐</td><td>宇都宮</td></tr>
<tr><td>步兵第一零二連隊</td><td>千葉小太郎大佐</td><td>水戶</td></tr>
<tr><td rowspan="2">步兵第一二八旅團奧保夫少將</td><td>步兵第一一五連隊</td><td>矢崎節三中佐</td><td>高崎</td></tr>
<tr><td>步兵第一五零連隊</td><td>山本重省中佐</td><td>松本</td></tr>
<tr><td colspan="3">騎兵第十八大隊、野砲兵第一二零、工兵第一一四、輜重兵第一一四連隊</td><td></td></tr>
<tr><td colspan="2">國崎支隊（步兵第九旅團司令部）
國崎登少將</td><td>步兵第四十一連隊</td><td>山田鐵二郎大佐</td><td></td></tr>
</table>

與南京大屠殺直接有關的軍事領導人：日本華中方面軍司令官松井石根，其部下谷壽夫、柳川平助、中島今朝吾等及昭和天皇的叔父陸軍中將朝香宮鳩彥親王。南京淪陷前十天，鳩彥親王於 12 月 2 日被日皇任命繼松井石根（松井晉升爲華中方面軍總司令官）爲上海派遣軍司令官，並於 12 月 5 日至前線就職[8]。據日軍第十六師團第三十八聯隊副官兒玉義雄的回憶：「當聯隊的第一線接近南京城一、二公里，雙方正在激戰時，師團副官以電話通知師團命令：不能接受支那兵的投降，要予以處置」[9]。該師團長即中島今朝吾。中島今朝吾在 1937 年 12 月 13 日的日記中也有記載「因採取不留俘虜的方針，故決定全部處理之」[10]。

南京大屠殺中殺人最多的部隊即昭和天皇的叔父當時任上海派遣軍司令官朝香宮鳩彥親王所轄，由中島今朝吾中將率領的第十六師團，及第十軍司令官柳川平助中將所轄，由谷壽夫中將率領的第六師團。柳川平助在日本屬於主張以暗殺、政變爲手段奪權的「皇道派」[11]分子，支持 1936 年日本國內「二二六」[12]政變的三位將領之一，他在杭州灣登陸的訓示中曾強調「山川草木都是敵人」。柳川轄下的第六師團，師團長谷壽夫如同第十六師團長中島今朝吾都親自操刀殺人。南京大屠殺時期，日軍華中方面軍最高統帥松井石根大將，戰後經東京審判以「南京大屠殺」罪行與東條英機、板垣征四郎等七人被處絞刑。松井石根於 1937 年 12 月 7 日發布「南京城攻略要領」之作戰命令，命令中規定，即使守軍和平開城，日軍入城後也要分別「掃蕩」。在「掃蕩」的名義下，不僅屠殺了戰俘和散兵[13]，亦屠殺平民。12 月 15 日南京淪陷第三日，松井石根再發出作戰命令，令「兩軍」在各自警備地區內，應掃蕩敗殘兵[14]。

松井石根，1878 年（明治 11 年）生於愛知縣名古屋市，1897 年 11 月 29 日日本陸軍士官學校第九期畢業，1906 年陸軍大學第十八期以優等成績畢業，1915 年 12 月 25 日任駐上海武官，1919 年 2 月 20 日任步兵第三十九聯隊長，1922 年 11 月 6 日任特務機關長，1923 年 3 月 17 日晉升陸軍少將，1924 年 2 月 4 日任步兵第三十五旅團長，1925 年 5 月 1 日任職參謀本部第二部長，1927 年 7 月 26 日晉升陸軍中將，1929 年 8 月 1 日擔任第十一師團長，1933 年 8 月 1 日任台灣軍司令官，同年 10 月 20 日晉升陸軍大將，1937 年 8 月 15 日擔任上海派遣軍司令官，同年 10 月 30 日升任中支那方面軍司令官兼上海派遣軍司令官，1938 年 7 月 20 日任內閣參議，1942 年 4 月 4 日由昭和天皇頒發功一級金鵄勛章，表彰其功勛。松井石根曾為 1931 年世界裁軍會議時之日本全權代表，中日戰爭開始未久，即任華中派遣軍司令官，沒有松井的默許，以號稱紀律嚴明的日軍不可能如此有計畫及大規模且不分軍、民的屠城。松井戰後雖在東京巢鴨監獄向東京大學佛教學教授花山信勝懺悔說「南京事件，可恥之極」，但當松井手握軍權時，卻完全忘了所謂軍人之恥，松井戰後被遠東軍事法庭審列爲甲級戰犯，判處死刑。

朝香宮鳩彥王爲朝彥親王的第八子，因爲朝彥親王爲明治天皇的兄弟，所以鳩彥王是昭和天皇嫡堂叔父，同時也是姑丈，因爲朝彥親王的妻子是明治天皇的九皇女，被列封內親王稱號爲「泰宮」的聰子。朝香宮鳩彥王與昭和天皇關係密切，他於 1908 年（明治 41 年）5 月 27 日畢業日本陸軍士官學校二十期，1914 年（大止 3 年）陸軍大學二十六期畢業，1933 年 8 月 1 日至 1934 年 8 月 1 日任近衛第二師團長，後調任第 4 師團長至 1935 年 12 月 1 日止，1939 年 8 月 1 日晉升大將。東久邇宮稔彥王大將與鳩彥王同爲陸軍士官及陸軍大學同期畢業。

柳川平助 1879 年 10 月 2 日生於佐賀縣，1900 年（明治 33 年）11 月 21 日畢業於日本陸軍士官學校十二期，1904 年以騎兵中尉的官階參加日俄戰爭，1912 年（大正元年）陸軍大學二十四期以優等成績畢業，參加日俄戰爭。1918 年曾來華擔任北京陸軍大學教官，兩年後被派駐「國際聯盟」，1923 年任騎兵二十連連隊長。1925 年任日本參謀本部課長，1937 年任騎兵第一旅團長並被派赴中國山東省作戰。1932 年擔任日本陸軍次官，為「皇道派」的核心人物之一，1934 年升任第一師團長，1935 年出任台灣軍司令官。1936 年退役，但於 1937 年奉召復職擔任日軍在華之第十軍司令官，參與南京攻城戰及南京大屠殺。1938 年任興亞院總務長官，1940 年以陸軍中將身分任日本司法大臣，1941 年任國務大臣。

谷壽夫 1903 年（明治 36 年）11 月 30 日畢業於日本陸軍士官學校十五期，同期畢業的有梅津美治郎大將、蓮沼蕃大將、多田駿大將、河本大作大佐；1912 年（大正元年）陸軍大學二十四期優等成績畢業，與柳川平助為陸大同期同學及同列優等成績，1928 年任第三師團參謀長，出兵山東。1937 年 12 月以第六師團長司令官的身分參與南京攻城戰及日後的南京大屠殺，戰後被南京軍事法庭判為戰犯，處死。

中島今朝吾 1881 年（明治 14 年）6 月 15 日出生於大分縣為地主中島茂十郎之第三子，1902 年東京陸軍中央幼年學校第一期畢業，1903 年 11 月 30 日畢業於日本陸軍士官學第十五期，畢業後以砲兵少尉軍階任職於野砲第十五連隊付，1904 年 4 月參與日俄戰爭，8 月首山堡攻擊戰時受傷，同年 12 月擔任台灣守備砲兵第三大隊付，1909 年 12 月進入陸軍大學，於 1913 年 11 月陸軍大學第二十五期畢業，先後於 1914（大正 3 年）年 8 月擔任野戰炮兵學校（前身為野戰炮兵射擊學校）教官，1929 年（昭和 4 年）8 月任陸軍大學教官，1932年4月任舞鶴要塞司令官並晉升少將，1933年8月任習志野學校（化學戰）校長，1936年3月晉升中將並任憲兵司令官，1937年8月任第十六師團長，1937年12月以第十六師團長司令官的身分參與南京攻城戰及日後的南京大屠殺，1938年7月再升任第四軍司令官，1939年9月退役。

值得注意的是，參與南京大屠殺的指揮級將領有一個共同點，他們多在中國有過長期的居留的經驗，如松井石根曾任哈爾濱特務機關長，柳川平助曾任北京陸大教官，此外，他們通曉中國事務，也都親身體驗過如何對待俘虜和戰爭中的平民，松井以大尉的軍階及柳川均參加過日俄戰爭，但卻未屠殺過俄國戰俘與平民；柳川曾任司法部長，通曉國際公法的相關規定，因此，所有在南京大屠殺中的日軍指揮級將領皆明知故犯，而且多爲重犯。

徐州會戰與日軍將領

1937年12月18日，日本華北方面軍總司令寺內壽一，要求東京大本營准許華北方面軍渡過黃河進攻山東半島，大本營准許寺內壽一上述行動，於是寺內壽一下令第二軍西尾壽造，指揮板垣征四郎的第五師團、磯谷廉介的第十師團越過黃河，進攻山東，板垣與磯谷如前述兩人爲日本士官學校同期同學，交情深厚，喜愛互爭鋒芒。由於中國方面山東最高軍政長官韓復渠未抵抗即下令部隊後撤[15]，這兩支日軍於 12 月 23 日渡過黃河，順利進入山東，並於 12 月 26 日占領濟南。西尾壽造下令日軍第五師團沿膠濟鐵路，攻煙台與青島，日本的海軍陸戰隊同時在青島登陸夾擊，而第十師團沿津浦鐵路南下，追擊韓復渠撤退的主力部隊，因而指向魯南逼進徐州北部。

徐州會戰是抗日戰爭中繼南京保衛戰之後的一次大會戰。徐州控制了津浦、隴海兩鐵路的交點，是南京失守後國軍重要的戰略要地，日軍攻陷南京後即從津浦路南北並進，準備攻打徐州；日軍第三師團的主力部隊沿津浦路北進至張八嶺附近，並以部分軍力渡鎮江；板垣征四郎的第五師團向膠濟路進擊；第九師團以主力部隊對長江上游警戒，部分軍力則由裕溪口渡長江北岸，循淮南鐵路北進；第十師團磯谷廉介率部南下，先後占領了濟南、泰安、兗州等各要點；其瀨谷支隊則以三個步兵聯隊及騎、炮、工兵等聯隊和戰車隊爲基幹作前導，向鄒縣地區推進。國軍方面第五戰區司令長官李宗仁坐鎮徐州，參與會戰的部隊包括：李品仙的第十一集團軍、湯恩伯的第二十集團軍、廖磊的二十一集團軍、鄧錫侯的二十二集團軍、韓德勤的第二十四集團軍，及孫連仲的第二集團軍之三十一師及四十四獨立旅等部隊。

板垣的第五師團，於 2 月下旬先後攻陷諸誠、莒縣，向臨沂挺進，牽制國軍兵力及協助津浦北段之日軍進攻徐州，3月19日日軍占領運河北岸之韓莊，20日占領嶧縣，3月23日上午日軍由台棗支線南下於當日下午 5 時抵達台兒莊主陣地。日軍以強烈炮火摧毀台兒莊寨牆北部，台兒莊戰役正式開始。4 月 7 日台兒莊戰役結束，津浦路的戰局隨即轉入了第二階段，此即著名的徐州會戰開始。

4 月初，日軍由青島方面增援，對臨沂實行攻擊，4 月 20 日臨沂失守，日軍為奪取徐州派兵增援，除磯谷的第十師團、板垣的第五師團外，北面，另有十四師團、一零三師團、一零五師團、一一零師團及山下、酒井等師團；在南面，蘇北淮河地區除原有日軍第三、第九等師團外，也增加了一零一師團、一零二師團、一一六師團、一零七師團等各一部。5月17日徐州失守。

來自廣島及戰後被遠東軍事法庭以甲級戰犯處死的的第五師團長板垣征四郎，在中國戰場的日軍指揮官中有相當的代表性，其經歷特殊，值得詳述；板垣於 1885 年（明治 18 年）1 月 21 日出生於岩手縣岩手町沼宮內，其祖父板垣真作為藩主的教師，板垣征四郎先後就讀於仙台陸軍幼年學校及東京陸軍士官學校；1904 年 1 月陸軍士官學校十六期畢業，同年以少尉排長軍階參加日俄戰爭；1913 至 1916 年就讀陸軍大學二十八期；1917 至 1919 被日本軍部派駐中國昆明、瀋陽等地，1922年任職日軍參謀本部中國課，1924年任駐華公使館武官補佐官，1926年8月6日任日軍參謀本部兵要地誌班長；1927年5月28日任步兵第三十三旅團參謀；同年7月12日任第十師團司令部付；1928年3月8日任步兵第三十三聯隊長；1929年5月14日任關東軍高級參謀；1931年10月5日任關東軍第二課長；1932年8月8日晉升陸軍少將，任關東軍司令部付，及滿州國執政顧問；1933年2月8日任參謀本部付；1934年8月1日任滿州國軍政部最高顧問，同年12月10日任關東軍副參謀長兼駐滿武官；1936年3月23日任關東軍參謀長，同年4月28日晉升陸軍中將。

1937年3月1日板垣出任第五師團長；1937年7月7日中日戰爭全面展開，板垣以駐廣島第五師團司令官的身分與第五師團被派往中國作戰；在中國參與了1937年在山西的平型關戰役，南京攻城戰及1938年台兒莊、徐州等會戰。1938年5月板垣返回日本，5月25日任參謀本部付；1938年6月3日至1939年8月30日分別出任近衛文磨及平沼騏一郎內閣的陸軍大臣，在平沼騏一郎內閣中另兼任對滿事務局總裁，其爲內閣中積極主戰分子，支持擴大對華戰爭；1939年8月30日再任參謀本部付；同年9月至1941年7月，擔任日本「支那」派遣軍總參謀長，1941年7月7日晉升陸軍上將並調任日本駐朝鮮軍司令官，1943年任日本最高軍事參議官，1945 年 2 月 1 日出任兼第十七方面軍司令官，同年 4 月 7 日擔任總部設在新加坡的第七方面軍司令官。日本無條件投降後，於 1945 年 12 月被駐日盟軍以甲級戰犯將其逮捕，1948 年 11 月 12 日被遠東國際軍事法庭判處死刑，1948 年 12 月 23 日於東京巢鴨監獄行刑事執行。

值得注意的是，板垣征四郎、土肥原賢二、岡村寧次、永田鐵山等均爲日本陸軍士官學校 1904 年第十六期畢業，這批人一畢業就加入日俄戰爭，戰爭對他們而言是事業也是生活，他們出生於明治維新之後，與日本向外擴張政策同步成長，他們目睹日清戰爭、北清事件中日本的勝利及所獲得的巨大政治、軍事、經濟利益，第一次世界大戰時他們又經驗到日本向德國宣戰及日本在中國山東順利接收德國勢力的驕傲；這批人在日俄戰爭中是基層部隊長，他們堅定的效忠天皇並且滿懷著要效法明治時代的軍人，以實力爲日本強奪利益，他們在軍國主義中已蛻變爲一部殺人機器。這一期的畢業生反映了日本軍人的真實面貌與特質，在天皇之下，他們最大，不是殺人就是自殺。

註釋

[1]有關「統治派」的主張，參閱後述。

[2]宋成有，《日本十首相傳》（北京：東方出版社，2001），頁168。

[3]宇垣一成，官階陸軍大將。

[4]末次信正，官階海軍大將。

[5]近衛文磨共三次組閣，第一次1937年（昭和12年）6月4日至1939年1月5日，第二次1940年（昭和15年）7月22日至1941年7月18日，第三次1941年（昭和16年）7月18日至1941年10月18日。參閱：林茂、辻清明，《日本內閣史錄》（Vol. 4），頁2、202、278。

[6]先頭部隊由川口少將統率。

[7]趙曉春，《百代盛衰——日本皇室》（北京：社會科學文獻出版社，1998），頁246。

[8]《百代盛衰——日本皇室》，前揭書。頁247。

[9]兒玉義雄的回憶連同澤田正久之回憶，均載於畝本正己所著，《證言：南京戰史（5）》，《偕行》雜誌，1984年8月份。

[10]《增刊歷史與人物》，中央公論社，1984年12月。

[11]有關「皇道派」的主張，參閱本文頁248。

[12]有關「二二六」事件，參閱本文頁251。

[13]散兵，日軍稱之為「敗殘兵」或「便衣兵」。

[14]李恩涵，〈日軍南京大屠殺的屠殺責任問題〉，1990年5月，《日本侵華研究》，第2期。兩軍為上海派遣軍及第十軍。.

[15]1938年1月11日，蔣介石在開封召開緊急戰區軍事首長會議，決定以軍法審判韓復渠，由軍統局幹員在會場將其逮捕，送到武昌進行軍事審判，以抗命與逃亡罪槍決。

第 6 章

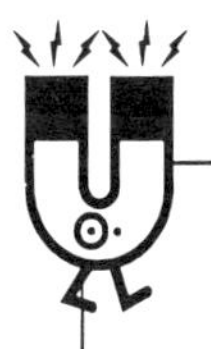

太平洋戰爭

· 萬民翼贊
· 聯合艦隊編裝及指揮官簡歷
· 第二階段作戰組織編裝與作戰計畫

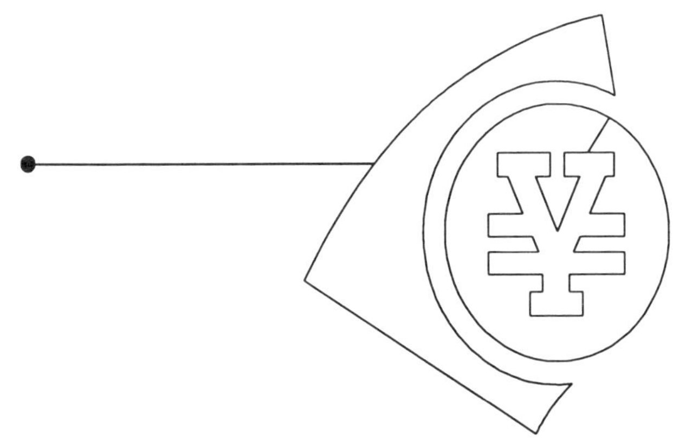

萬民翼贊

1940 年起，爲因應戰時的需求，日本政府加強經濟管制，1941 年 8 月發布「重要產業團體令」，12 月立法通過「金屬回取，貿易統制，運輸統制，物質統制」法令，將所有有關經濟民生、生產、消費等各類經濟活動納入戰時體制管制。另爲了配合戰爭的進行，加強安全管理，「軍都」廣島按日本政府實施思想及言論的管制規定，1941 年 10 月公布「臨時郵便取締令」，同年 12 月 8 日日本偷襲珍珠港，「大東亞戰爭」爆發，爲了管制上的需要，制定並公布了「言論、出版、集會、結社等取締法」，所有的集會、結社等必須獲得政府許可，對反戰言論或對社會秩序破壞者嚴格取締。由於廣島市有重要的軍事指揮中心，軍事設施，及附近的「吳」市有軍港，是重要的海軍基地，因此，在防諜工作上更爲嚴苛，廣島市於 1941 年 4 月就制定了「軍都市民防諜訓」，並公布凡防諜不力者將給予嚴厲的處分，此外，更將「敵國」在廣島市的「外國人」集中於三次町的「收容所」控管，1943 年基於「英語」是敵人的語言，學校廢止英語教學。

此外，爲了激發全國作戰意志，1940 年 10 月日本國內成立了全國性，宗旨爲「萬民翼贊，一億一心，百道實踐」

的「大政翼贊會」[1]，由內閣總理擔任總裁，各地方支部長由各府縣知事兼任。「大政翼贊會」廣島支部於同年 12 月 8 日組成，廣島市長相川擔任支部長，1941 年 1 月由藤田若水市長接任。9 月日本政府在「大政翼贊會」組織下完成「翼贊壯年團」要綱，1942 年 1 月成立「大日本翼贊壯年團」，廣島於同年 2 月 24 日成立相對應之「廣島縣翼贊壯年團」。

在全國「萬民翼贊，一億一心，百道實踐」的結果，國內民氣高昂，全國爲了配合戰爭的進行，以犧牲小我共同完成「大東亞共榮圈」[2]的實踐，基於須將糧食供給前線作戰之軍隊，1940 年 12 月 28 日開始實施「米、砂糖、鹽、醬油、野菜、果物」等主副食配給制度，1942 年 11 月實施「衣料品」管制，1943 年戰況不利於日本，同年 12 月 1 日「學徒出陣」運動開始，徵召學生上前線作戰，遞補不足之軍員。

聯合艦隊編裝及指揮官簡歷

爲了打開戰時物質的供應線，及維持在南太平洋及西太平洋的安全防護，必須先消除美國的威脅，因此，日本聯合艦隊針對與美國即將進行的太平洋戰爭，在開戰前進行了任務部署[3]：第一艦隊負責與敵主力艦隊決戰，其轄下的第一、第二、第三戰隊爲巡洋艦部隊；第七戰隊爲輕巡洋艦部隊；第一航空戰隊爲航空母艦部隊；第一水雷戰隊爲驅逐艦部隊；第一潛水戰隊爲潛水艇部隊。

第二艦隊負責攻擊敵主力戰艦，並配合第一艦隊與敵決戰，其轄下的第四、第五、第六戰隊爲巡洋艦部隊；第八戰隊爲輕巡洋艦部隊；第二航空戰隊爲航空母艦部隊；第二水雷戰隊爲驅逐艦部隊；第二潛水戰隊爲潛水艇部隊。

第三艦隊負責攻擊美國其它艦支，及支援陸軍登陸作戰，由舊式巡洋艦、驅逐艦、潛水艇、掃雷艦等組成。

太平洋戰爭開始後，聯合艦隊編制做了調整，人事安排也已確定，排定的陣容如下[4]：聯合艦隊司令：山本五十六大將，直接率領戰艦「長門」（旗艦「陸奧」）。第一艦隊司令：高須四郎中將（旗艦「伊勢」），下轄第二、第三、第六、第九戰隊，及第三航空隊、第一、三水雷戰隊。第二艦隊司令：近藤信竹中將（旗艦「愛宕」），下轄第四、第五、第七、第八戰隊，及第四航空隊、第二、四水雷戰隊。第三艦隊司令：高橋伊望中將（旗艦「足柄」），下轄第十六、第十七戰隊，及第十二航空隊、第五水雷部隊、第六潛艦戰隊，第一、第二、第三十二占領地地面部隊。

第四艦隊司令：井上成美中將（旗艦「鹿島」），下轄第十八、第十九戰隊，及第二十四航空隊、第六水雷部隊、第七潛艦戰隊，第三、第四、第五、第六占領地地面部隊。第五艦隊司令：細萱戊子郎中將（旗艦「木曾」），下轄第

二十一、第二十二戰隊。第六艦隊司令：清水光美中將（旗艦「香取」），下轄第一、第二、第三潛艦戰隊。

第一航空艦隊司令：南雲忠一中將（旗艦「赤城」），下轄第一、第二、第五航空母艦戰隊，戰隊航空母艦包括「赤城」、「加賀」、「蒼龍」、「飛龍」、「翔鶴」、「瑞鶴」。第二航空艦隊司令：塚尾二三四中將（駐防台灣），下轄第二十一（駐防鹿屋）、第二十二（駐防美幌、元山）、第二十三航空隊（駐防高雄、台南）。南遣艦隊司令：小沢治三郎中將（旗艦「香椎」），下轄第四、第五潛艦戰隊，第九、第十一占領地地面部隊。

聯合艦隊編成後，其任務規劃如下[5]：

主力部隊：指揮官：高須四郎中將（第一艦隊司令），任務：全般作戰。

機動部隊：指揮官：南雲忠一中將（第一航空艦隊司令），任務：偷襲珍珠港。

南方部隊：指揮官：近藤信竹中將（第二艦隊司令），任務：南方攻略作戰。

菲島部隊：指揮官：高橋伊望中將（第三艦隊司令），任務：地面登陸作戰。

馬來部隊：指揮官：小沢治三郎中將（南遣艦隊司令），任務：地面登陸作戰。

南洋部隊：指揮官：井上成美中將（第四艦隊司令），任務：地面登陸作戰。

北方部隊：指揮官：細萱戊子郎中將（第五艦隊司令），任務：北太平洋哨戒。

基地航空部隊：指揮官：塚尾二三四中將（第二航空艦隊司令），任務：南方攻略作戰航空支援。

先遣部隊：指揮官：清水光美中將（第六艦隊司令），任務：潛艦攻擊珍珠港內美國戰艦。

1940 年 11 月 26 日，日本聯合艦隊司令官山本五十六策劃並執行了對美偷襲行動，以六艘大型航空母艦及艦載戰機數百架從千島群島出發偷襲珍珠港。12 月 8 日聯合艦隊經北太平洋航線到達珍珠港附近海域，未被美軍發覺。當天早晨由航空母艦起飛的日本戰機，攻擊停泊在夏威夷珍珠港內的美艦和機場。美軍八艘戰艦受損，但三艘航空母艦因出海而倖免於難。珍珠港事件使美國付出了巨大的代價但也激起了美國人的戰鬥意志，美國加入第二次世界大戰，同日，美國對日本宣戰。

聯合艦隊司令官山本五十六，1884 年（明治 17 年）4 月 4 日出生於新瀉縣長岡市，爲藩士之後，1901 年 12 月以入學第二名成績就讀位於廣島縣江田島町的海軍兵學校三十二期，1904 年 11 月 14 日以一百九十二人中第十三名畢業，畢業後以少尉候補生官階隨聯合艦隊參與日俄戰爭，尉級軍官時期山本分別服役於「韓崎丸」、「日進」、「須磨」、「鹿島」、「見島」、「陽炎」、「春雨」、「阿蘇」、「宗谷」等艦，1915 年（大正 4 年）海軍大學第十四期畢業，1916 年 12 月 1 日任第二艦隊參謀，1921 年 12 月 1 日任海軍大學教官，1924 年 12 月 1 日出任霞浦航空隊副長兼教頭，1925 年 12 月 1 日擔任駐美武官，1928 年（昭和 3 年）8 月 20 日任巡洋艦「五十鈴」號艦長，同年 12 月 10 日任航空母艦「赤城」第三代艦長，1929 年 11 月 12 日任日本海軍裁軍會議之全權委員代表隨員，同年 11 月 30 日晉升海軍少將。1930 年 12 月 1 日任航空本部技術部長，1933 年 10 月 3 日任第一航空戰隊司令官，1934 年 11 月 15 日晉升中將，1935 年 12 月 2 日任航空本部長，1936 年 12 月 1 日擔任海軍次官，1939 年 8 月 30 日繼吉田善吾之後接任聯合艦隊司令一職，吉田善吾與山本五十六爲海軍兵學校同期同學，吉田辭聯合艦隊司令一職接任阿部信行內閣（第三十六代）海軍大臣；1940 年 11 月 15 日山本晉升大將，並策劃 1941 年 12 月 7 日的偷襲珍珠港軍事行動，1942 年發動中途島之役，失敗，日本艦隊自此役後已無力主導太平洋戰局，1943 年 4 月 18 日山本自特魯克搭機飛往太平洋島嶼視察途中，被美軍 P-

38 機群擊落陣亡，同日被追晉元帥，並受頒「功一級金鵄勳章」及「大勛位菊花大綬章」。

第四艦隊司令官井上成美，1889 年（明治 22 年）12 月 9 日出生於宮城縣仙台市，1909 年 11 月 19 日畢業於海軍兵學校三十七期，海軍大學二十二期，井上在海軍兵學校爲一百八十一名同期同學中以排序第九名成績入學，第二名成績畢業；1917 年（大正 6 年）12 月 1 日任驅逐艦「淀」號航海長，1922 年 3 月 1 日任驅逐艦「球磨」號航海長，1927 年（昭和 2 年）11 月 1 日以武官身分派駐義大利，1930 年 1 月 10 日任海軍大學教官，1933 年 11 月 15 日出任戰艦「比叡」號艦長一職，1935 年 11 月 15 日任橫須賀鎭守府參謀長，1937 年 10 月 20 日任海軍省軍務局長，當時另外兩位海軍重量級人物米內光政擔任內閣海軍大臣，山本五十六擔任海軍次官：1940 年 10 月 1 日井上接航空本部長一職，1941 年 8 月 11 日任第四艦隊司令長官，1942 年 10 月 26 日轉任海軍兵學校校長，1944 年 8 月 5 日任海軍次官，1945 年 5 月 15 日晉升大將，1975 年 12 月 15 日病沒，享年 86 歲；米內光政、山本五十六、井上成美三人理念相同，有「海軍三羽烏」[6]之稱。

第一航空艦隊司令官南雲忠一，1887 年（明治 20 年）3 月 25 日生於山形縣米沢市信夫町，父：南雲周藏。南雲忠一於1908年海軍兵學校三十六期以人數一百九十一人中第七名成績畢業，1920年（大正9年）11月以優等成績畢業於海軍大學，1922年12月出任軍令部參謀，1925年6任橫須賀鎮守府付，1926年2月任「嵯峨」號艦長，1927年（昭和2年）11月任海軍大學教官，1929年11月30日任輕巡洋艦「那珂」號艦長，1930年11月1日升任第十一驅逐隊司令官，1933年11月15日以海軍大佐軍階任重巡洋艦「高雄」號艦長，1934年11月15日任「山城」號艦長，次年11月15日晉升海軍少將並任第一水雷戰隊司令官，1936年12月1日擔任第八戰隊司令官，1938年11月15日再任第三戰隊司令官，次年11月15日晉升中將，1940年11月1日擔任海軍大學校長，1941年4月10日任第一航空艦隊司令長官，1942年7月14日任第三艦隊司令長官，同年11月11日任佐世保鎮守府司令長官，1943年6月21日任吳鎮守府司令長官，10月20日任第一艦隊司令長官，1944年3月4日擔任中部太平洋方面艦隊司令長官兼第十四航空艦隊司令長官，同年7月6日因負責塞班島防衛戰，塞班島失守後自戕死亡，8日追晉爲大將，年57歲。

聯合艦隊偷襲珍珠港的同時，日軍向東南亞和西太平洋各島嶼發動進攻。12月8日日軍入侵馬來西亞和泰國，12月10日進攻菲律賓和關島，12月19日攻打香港，12月23日進攻威克島。日軍占領了東南亞大部分地區共約一億五千萬億人口和三百八十六萬平方公里的土地，連同已占領的中國領土及朝鮮、台灣、印度支那，日本共統治著五億人口左右，面積達七百萬平方公里。日本於偷襲珍珠港之後，獲得了暫時的優勢並建立了所謂「大東亞共榮圈」疆域。日本發動太平洋戰爭，促使德、義、日加速軍事聯繫。1941 年 12 月 11 日三國簽訂軍事協定，共同對英、美作戰到底並保證不單獨與該國締結和約。1942 年 1 月三國簽訂了關於劃分德、義和日本之間作戰範圍的軍事協定，日本作戰以泛太平洋地區及亞洲地區國家爲主，其範圍包括東經七十度以東的亞洲大陸、印度次大陸及延伸至美州大陸西海岸的地、水域，以及澳大利亞、紐西蘭等地；德國、義大利的作戰則以泛大西洋地區及歐洲、非洲、中東等地，範圍包括東經七十度以西延伸至美國東海岸的地、水域以及美洲大陸。

太平洋戰爭開戰初期，日軍獲得了重大的勝利，爲了確保已有的戰果，因此開始進行第二階段的戰略計畫，日軍設定了「東進」與「西進」兩種不同的作戰方針：「東進」，徹底殲滅美國太平洋艦隊，確保太平洋諸島日軍補給線及由南洋運回國內之戰略物質線的暢通；「西進」，殲滅印度洋上英國遠東艦隊，占領印度，並與德軍在中東會師。有關東進作戰日軍大本營有兩種不同意見，一派主張南攻澳洲，另一派主張東攻中途島。此外夏威夷珍珠港岸上之硬體設施，在日軍偷襲中並未遭到結構性的破壞，此時仍作爲美國太平洋艦隊的基地，澳洲則是繼菲律賓失守後充當美軍在西南太平洋地區的基地，由麥克亞瑟任戰區總司令。當時日本陸軍戰編共有五十一個師團，其中駐守中國東北的關東軍有十三個師團，在中國關內作戰的有二十二個師團，占全部兵力的百分之六十以上，在東南亞地區和太平洋戰場上計共有十一個師團，留守本土的只有五個師團，由於可以調用的機動兵力十分有限，因此西進和東進政策均被迫否決。

第二階段作戰組織編裝與作戰計畫

1942 年 4 月 18 日杜立特中校率領轟炸機群由美國航空母艦起飛，以不返回母艦之單程航線空襲日本東京等地；日本本土第一次遭受轟炸震驚日本天皇及軍部，爲了有效維持本土安全確保戰略據點，軍部認爲必須穩定及強化太平洋防禦圈，穩定及強化防禦圈的前提是必須摧毀美國航空母艦，爲此日軍重新制訂第二階段的作戰方案，根據這個方案重組聯合艦隊，其組織編裝如下述[7]：

聯合艦隊：司令：山本五十六大將，下轄第一戰隊「大和」、「武藏」（山本直接率領）。

第一艦隊：司令：清水光美中將，下轄第二戰隊「長門」、「陸奧」、「伊勢」、「日向」、「扶桑」、「山城」等戰艦及第十一水雷戰隊。

第二艦隊：司令：近藤信竹中將，下轄第三戰隊「金剛」、「榛名」，第四戰隊「愛宕」、「高雄」、「摩耶」，第五戰隊「羽黑」、「妙高」等戰艦，及第二、第四水雷隊。

第三艦隊：司令：南雲忠一中將，下轄第一航空母艦戰隊「翔鶴」、「瑞鶴」、「瑞鳳」，第二航空母艦戰隊「龍驤」、「隼鷹」、「飛鷹」等航空母艦，第十一戰隊「比叡」、「霧島」，第七戰隊「熊野」、「鈴谷」，第八戰隊「利根」、「筑摩」，及第十戰隊等戰艦。

第四艦隊：司令：鮫島具重中將，下轄第十四戰隊戰艦及第三、第四、第五、第三十根據地隊。

第五艦隊：司令：細萱戊子郎中將，下轄第二十一戰隊「那智」、第二十二戰隊等戰艦及第一水雷隊，第五十一根據地隊。

第六艦隊：司令：小松輝久中將。

第八艦隊：司令：三川軍一中將。

南西方面艦隊：司令：高須四郎大將。任務：東南占領地防備，下轄第一南遣艦隊：司令：四結穰中將，第二南遣艦隊：司令：河瀨四郎中將，第三南遣艦隊：司令：杉山六藏中將。

第十一基地航空隊：司令：塚尾二三四中將。

日軍於 5 月初在西南太平洋發動主攻，目標是要切斷澳洲和美國的運輸線。5 月 7 日至 8 日與美戰艦在珊瑚島海域進行了一次海上遭遇戰，美國方面，航空母艦一沉一傷，損失飛機七十架；日本方面，一艘輕型航空母艦被擊沉，一艘重型航空母艦被擊傷共損失飛機八十餘架。日軍此次海戰損失雖較美國為輕，但攻勢受挫。此次戰役後，日軍為了一舉殲滅美國海軍的有生力量，再度策劃了中途島海戰。

中途島作戰計畫，日本大本營命名為「米」號作戰，聯合艦隊集中了所能調動的全部軍力，共計軍艦二十餘艘，飛機七百餘架，其中包括主力艦十一艘、航空母艦八艘。作戰計畫目標擬定為，攻取中途島和殲滅美國航空母艦，並同時占領阿留申群島以擴大防禦圈。當時美國在太平洋的艦隊只有三艘航空母艦，總兵力低於日本，但由於美軍破獲日軍密碼，美國太平洋艦隊司令尼米茲上將在得到日軍行動的情資後加強中途島之海陸防禦，並把僅有的三艘航空母艦集中運用，部屬於中途島附近海域，伺機突襲。日軍對此無任何情資，5 月 4 日凌晨南雲忠一率領的機動艦隊就在敵情不明的情況下，對中途島進行攻襲；該役日本四艘航空母艦被擊沉，戰功彪炳的日本海軍航空兵亦在此次戰役中損失殆盡，聯合艦隊司令官山本五十六得知這一消息後下令撤兵，規模空前的中途島海空大戰，日軍以慘敗收場。

註釋

[1]參閱：大政翼贊會（編），《大政翼賛會実践要綱の基本解說》（東京：大政翼贊會宣伝部，1941）。赤木須留喜，《翼賛・翼壮・翼政》（東京：岩波書店，1990）。赤木須留喜，《近衛新体制と大政翼賛會》（東京：岩波書店，1984）。川崎克，《欽定憲法の眞髓と大政翼賛會》（東京：固本盛國社，1941）。

[2]「大東亞共榮圈」（The Greater East Asia Co-Prosperity Sphere），1940 年外相松岡洋右所提出。

[3]野村實，《帝國海軍》，前揭書，頁 295。

[4]同上，頁 296-97。

[5]同上，頁 298。

[6]有關陸軍「三羽烏」參閱頁 235。

[7]野村實，《帝國海軍》，前揭書，頁 299-300。

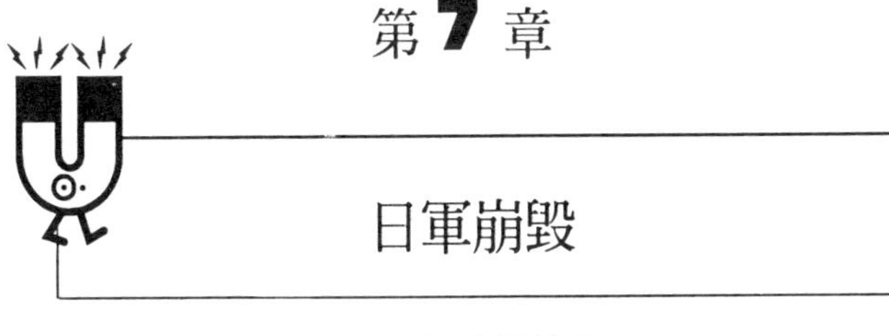

第7章

日軍崩毀

· 曼哈頓計畫
· 透過蘇聯斡旋和平
· 原子彈投擲目標選擇
· 原子彈投擲實錄

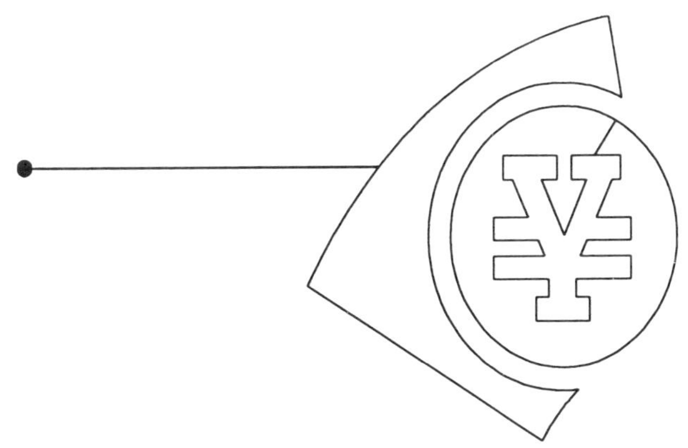

1942 年 8 月 7 日美軍在日軍占領的瓜達卡納爾島登陸，1943 年 2 月上旬日軍殘部撤離瓜島，大局敗象顯露，太平洋上的日軍至此被迫轉爲守勢作戰，美軍則開始了全面反攻。1943 年 9 月爲了確保本土安全，日本軍部設定「絕對國防圈」並重新設計戰爭指導，1944 年 5 月聯合艦隊再度改編，由於海戰中艦隊損失慘重，此時的聯合艦隊番號雖在但規模卻大幅縮小，其組織編裝及司令員名單：聯合艦隊司令：豐田副武大將。第一機動艦隊：司令：小沢治三郎中將。北東方面艦隊：司令：戶塚道太郎中將。中部太平洋方面艦隊：司令：南雲忠一中將。南東方面艦隊：司令：草鹿任一中將。南西方面艦隊：司令：三川軍一中將。第四南遣艦隊：司令：山縣正鄉中將。第十二航空艦隊：司令：三川軍一中將（兼）[1]。

日軍在太平洋節節敗退，1945 年 2 月 9 日美軍登陸硫磺島，4 月 1 日登陸沖繩島。8 月 6 日美軍在廣島投下了第一顆原子彈，9 日在長崎投擲第二顆原子彈，8 月 15 日日本宣布無條件投降。原子彈的毀滅力是迫使日本接受無條件投降的重要因素之一，原子彈走上戰爭舞台係來自曼哈頓計畫。

曼哈頓計畫

1939 年 3 月，由義大利逃往美國的著名科學家費米（E.

Fermi）由於其製造原子彈的構想及相關建議未獲美國當局重視，因此，費米請愛因斯坦（Albert Einstein）協助，1939 年 8 月愛因斯坦寫了一封影響未來世界、日本及廣島、長崎命運的信給美國總統羅斯福（Franklin D. Roosevelt），促請進行原子彈的研究，並強調這種新型炸彈的威力，且警告德國可能已展開原子彈的研發[2]。1941 年 12 月日本偷襲珍珠港，美國受創後宣布參戰，基於歐洲戰場仍受德軍宰制，而亞洲戰場前景未料之情勢下，羅斯福總統為了贏得戰爭，同意製造原子彈，最高機密的曼哈頓計畫[3]因此成型。

1942 年費米等人利用高純度的鈾和石墨，在芝加哥大學運動場看台下的室內球場堆成了「芝加哥反應堆」，反應堆內的石墨可以使核分裂所產生的高速中子，經過碰撞而降低速度，提高下一波核分裂反應的機率。費米等人以鐳和鈹混合所產生的中子為中子源，並以吸收中子能力極高的鎘片做控制，成功的引發核子鏈鎖反應。隨著反應堆的逐步堆高，鏈鎖反應也愈來愈強。1944 年 12 月，在最後的一層材料堆砌完成後，再逐步將鎘片抽出反應堆，成功的達成核子鏈鎖反應。芝加哥反應堆的成功，證實原子彈的理論並直接導致原子彈的製造。

唯芝加哥反應堆利用石墨，將核分裂所產生的高速中子，經過碰撞而減速，中子的速度愈低，引發核分裂的機率愈大。但實用性的原子彈必須在極短的時間內，讓核子鏈鎖反應快速進行，如果要讓中子不經過減速而誘發足夠的核分裂，就必須提高分裂材料的純度，來彌補中子速度太快而降低的核分裂機率。可以產生持續核子鏈鎖反應的分裂材料只有鈾 235 和鈽 239，但天然鈾中僅含有百分之零點七的鈾 235，其餘百分之九十九點三是鈾 238，要製造原子彈，純度需達百分之九十九以上。由於鈾 235 和鈾 238 是同位素，因此，要把鈾 235 從天然鈾中分離出來，亦即要濃縮鈾 235，只能靠物理的方法，鈽 239 則是鈾 238 吸收一個中子以後，經過衰變而得。芝加哥堆沒有冷卻系統，功率不可能提得太高，要生產鈽，就必須建造規模比芝加哥堆更大的核反應器。

爲了取得足夠的核分裂材料，美國在田納西州的橡樹嶺（Oak Ridge）建造了相當規模的氣體擴散工廠，把鈾和氟化合成氣體，利用鈾 235 和鈾 238 質量有微小差異及其穿過薄膜的速度不同的性質，經過大約四千個串級的薄膜，把鈾 235 的濃度提高到百分之九十九以上。除了利用氣體擴散的技術進行提高鈾 235 的濃度之外，美國在橡樹嶺同時建造大型電磁系統，分離鈾 235 和鈾 238。爲了得到鈽 239，美國也在華盛頓州的漢福特（Hanfort）建造核反應器，利用和芝加哥反應堆核連鎖反應相同的原理，持續以產生的中子撞擊鈾

238，使其轉化而生產鈽239。鈽239是鈾238吸收一個中子以後，經過衰變而得[4]。

曼哈頓計畫中有關芝加哥反應堆由費米主持，原子彈的製造由歐本海納負責，美國政府在美國新墨西哥州沙漠中的小鎮羅斯阿拉摩斯（Los Alamos），召集龐大的研究群秘密進行，爲了趕在德國之前製造出原子彈，日夜趕工，終於在1945年製造出足夠的鈾235和鈽239[5]，而新墨西哥州沙漠小鎮羅斯阿拉摩斯的科學家們也完成了必要計算以及原子彈的裝置。1945年7月16日，科學家及工程人員在內華達州，引爆了人類史上第一顆原子彈。

1943年11月22日至26日美國總統羅斯福、英國首相邱吉爾（Winston S. Churchill）、中華民國委員長蔣介石，在埃及開羅的米納飯店舉行「開羅會議」會後發表宣言，在開羅宣言中要求日本必須撤離自1914年所占領的所有太平洋島嶼，以及在中國所占領的土地包括東北、台灣、澎湖等地歸還給中華民國。1945年7月17日至8月2日美國總統杜魯門（Harry Truman）、英國首相邱吉爾、蘇聯總理史達林（Joseph Stalin）在菠茨坦會議的協定中，要求日本無條件投降[6]。

在菠茨坦協定之前，即1942年12月10日昭和天皇親自出席包括內閣總理東條英機在內的「御前大本營和政府聯席會議」，對戰況及日後作戰方針予以瞭解及認可。1943 年太平洋地區的美軍開始反攻，當年 5 月美軍收復了阿留申群島；在 9 月 30 日的「御前大本營和政府聯席會議」中，面對日軍逐漸不利的戰況，該次會議的作戰綱要決定，為了避免美軍直接攻擊日本本土，因此，在太平洋區域要保有最低安全限度的占領據點作為日、美軍事對陣的緩衝區，此即所謂的「絕對國防圈」，它包括從緬甸沿馬來半島到新幾內亞及加羅林群島、千島群島。建立「絕對國防圈」保衛日本本土的任務並未成功。1944 年 3 月 9 日美國 B-29 轟炸機，對首都東京進行小規模的轟炸，1944 年 7 月 7 日美軍攻占塞班島，占領塞班島最大的軍事收穫在於美軍獲得了轟炸日本本土的一個戰略前進基地，同年 11 月 24 日美軍出動大批 B-29 轟炸機對東京進行大規模、毀滅性的轟炸；東京被轟炸代表日本已經失去太平洋的安全防線，日本本土空防已無法確保首都及其它都市的安全；美國在轟炸東京時，刻意的保留了皇宮，以免皇宮被毀而催化日本本土決戰的意志。

1944 年 7 月 7 日塞班島失守後，第四十代內閣總理兼陸軍大臣兼日軍參謀長東條英機於 7 月 18 日提出辭呈。7 月 22 日東條結束近三年的總理任期，小磯國昭繼任，陸、海軍大臣則由杉山元及米內光政分別接任，大東亞大臣青木一男下台由外務大臣重光葵兼任；小磯任首相之前曾任關東軍參謀長、朝鮮司令官、及朝鮮總督。雖在日軍敗象已露之下接任首相，但小磯的軍人個性及對天皇效忠的意識，仍決定奮力一搏，上台後他成立了「最高戰爭指導會議」，此會議代替原東條之「御前大本營和政府聯席會議」。在 8 月 19 日昭和天皇出席的該次會議中，小磯內閣制訂了「戰爭指導大綱」，大綱規定要盡一切的可能擊敗敵人，保衛日本國土，但美軍在 11 月 24 日對東京的轟炸卻徹底的打擊了小磯的戰爭指導，小磯內閣抵擋不住戰爭的大趨勢，而此一趨勢卻正在毀滅日本。

戰況持續不利於日本，政壇元老及內閣中主「和」的聲音開始浮現，1945 年 4 月 5 日不到一年壽命的小磯內閣總辭，由曾參與日清甲午戰爭、日俄戰爭，做過聯合艦隊司令、軍令部總長、樞密院議長、昭和天皇侍從長，時年 78 歲的鈴木貫太郎組第四十二代內閣，鈴木組閣係由主和的前總理近衛文磨及皇宮內大臣木戶幸一推薦；基於鈴木深受天皇信任，輩分高，有軍人的背景，主戰派大將東條英機亦贊成該人事案。為了平衡不同的政治勢力，鈴木內閣閣員納入「和」、「戰」兩派人員，包括主和的外務大臣東鄉茂德，海軍大臣米內光政；主戰的陸軍大臣阿南惟幾。陸軍大臣主戰並不意外，當時陸軍高階將領中都是主戰派；海軍大臣主和係日本海上艦隊幾乎被美軍全殲，已毫無戰力，繼續作戰下去，海軍沒有顏面。

1945 年 3 月日本在菲律賓及硫磺島的據點相繼陷落，5 月緬甸，6 月沖繩失陷，5 月 8 日軸心國要角德國投降，6 月 8 日在昭和天皇主持的御前會議中，鈴木貫太郎發布「戰爭指導基本大綱」，大綱中揭示要將戰爭進行到底，保衛皇土，要「一億玉碎」。當天內大臣木戶則擬定一份「收拾時局對策草案」於 6 月 9 日呈天皇御閱，6 月 22 日天皇召見鈴木內閣之最高戰爭指導會議成員，包括總理、陸軍大臣、海軍大臣、外務大臣及陸海軍總長等，會中天皇表示對戰局的疑慮以及為了結束戰爭而應有的準備。天皇所謂為結束戰爭而應有的準備之意，有雙重意義，一是透過與俄國的合作增加與英、美談判的籌碼，二是如果日本必須進行本土作戰，須確定俄國不會對日本產生威脅。

透過蘇聯斡旋和平

日本希望透過蘇聯做中間人與英、美斡旋，希望日本不以無條件投降的方式結束戰爭，這個決定係對天皇於 1945 年 6 月 22 日在最高軍事指導委員會中的旨意「透過蘇聯尋求和平之道」所做出的反應。6 月 24 日日本外務大臣東鄉茂德商請前總理廣田弘毅在箱根與俄國駐日本大使見面，進行初步的協商，此後雙方接觸多次。此外，有關 6 月 22 日最高軍事指導委員會的結論，亦由外務大臣東鄉茂德轉達給日本駐蘇聯大使佐籐，由於雙方的電文密碼被截獲及破解，美國方面知道了日本意欲結束戰爭及其投降的底線。外務大臣與日本駐蘇聯大使的通訊內容如下：

1945 年 7 月 11 日：「清楚的告知俄國，我國無打算繼續占有因戰爭而獲得的土地，我國希望終止戰爭。」7 月 12 日：「天皇誠摯的期望迅速終止戰爭。」7 月 13 日：「我已派人與蘇聯駐日大使傳達信息，表示天皇希望派遣前首相近衛文磨當特使攜帶天皇的私人信函赴俄國，天皇有誠意終止戰爭。」7 月 18 日：「將來勢必須要與美、英談判，尋求俄國善意的支援，可以強化與英、美談判的基石。」7 月 22 日：「前首相近衛文磨特使的任務將忠實轉達天皇意旨，即透過蘇聯政府的協助結束戰爭。」7 月 25 日：「在任何情形下都不可能接受無條件投降，我們會透過任何管道通知另一方，只要在大西洋憲章的基礎上進行談判，我們不會反對和平。」7 月 26 日：「日本駐蘇聯大使佐籐晉見了蘇聯外交部長莫洛托夫，表明日本政府派近衛文磨為天皇特使的任務，是為了取得蘇聯政府的支援終止戰爭。」

杜魯門得知上述日本外務大臣與駐蘇聯大使的通信內容，在其 7 月 18 日的日記中記載「史達林已經告知首相（邱吉爾）來自日本的電報，天皇尋求和平（結束戰爭）」[7]。

7月 12 日日本駐蘇聯大使佐籐受命與俄國外交部長莫洛托夫再度接觸討論此事，前總理近衛文磨原定擔任天皇特使前往蘇聯，唯俄國有其利益上的考量無意與日接觸，近衛未能成行；史達林於 7月 17日與杜魯門、邱吉爾，在菠茨坦討論要求日本無條件投降之事宜；日本聯俄的政策完全一廂情願，注定失敗，而其無條件投降及廣島被原子彈轟炸的命運也已無法更改。

日本完全不知俄國早在 1943 年 11 月 30 日的德黑蘭會議中，史達林已與羅斯福、邱吉爾達成協議，俄國對日宣戰，其代價是中國東北的旅順港成爲俄國海軍基地，大連開放爲自由港，蘇聯俄貨物可免稅通過該港。1945 年 2 月 11 日史達林與羅斯福、邱吉爾簽訂的雅爾達密約中，俄國同意在德國投降或歐洲戰事結束後的二至三個月內對日宣戰。雅爾達密約中達成的協定事項有關俄國參戰條件爲：一、外蒙古維持現狀。二、恢復 1904 年日俄戰爭前，俄國在中國東北所有的利益，即：庫頁島南部及附近的島嶼歸還蘇聯；大連港國際化，並確保蘇聯在此之利益，恢復蘇聯在旅順港的海軍基地。中蘇共管中東及南滿鐵路，恢復及確保過去蘇聯在此的利益。三、千島群島歸還蘇聯[8]。

雅爾達密約中律定日本須歸還千島群島與庫頁島南部給蘇聯，並歸還 1904 年日俄戰爭時從俄國所獲得的所有利益。

蘇聯已獲得英、美對其與日本作戰的相關利益保證，完全不可能答應與日本的合作，昭和天皇及日本內閣無法掌握狀況，其對俄交涉失敗理所當然。

值得注意的是，杜魯門從截獲日本外相與日本駐蘇聯大使的電文中，已經得知日本尋求終止戰爭的意圖，但卻仍然決定投擲原子彈的原因，依當時杜魯門的說法是「我們必須使用它（原子彈）是因爲要縮短這個令人痛苦的戰爭，是爲瞭解救成千上萬美國年輕人的生命」[9]，除此之外，另有兩點可能：一、日本軍部、內閣，包括天皇在內，沒有人同意無條件投降，在敗象明確下日本有意結束戰爭，但並不願無條件投降，日本外相東鄉茂德與日本駐蘇聯大使佐籐的祕密通訊中也說得很清楚「在任何情形下都不可能接受無條件投降」，但是美國、英國、蘇聯三國元首在菠茨坦協定中卻很清楚的要求，日本必須無條件投降；一個戰敗者，而且又是一個主動挑起戰爭的戰敗者，不可能要求戰勝者去配合、妥協，這點在理性的思考上是非常明確的，但日本無法理性的面對問題，因此並不這樣認爲。二、蘇聯決定對日作戰，軍事考量其次，政治因素第一，美國認知到共產主義的蘇聯未來對美國的威脅，美國必須儘快結束日本戰事以免蘇聯勢力介入遠東地區。事實證明蘇聯對日宣戰是在日本宣布投降的當天。蘇聯未參與對日實質作戰但卻獲得了最大的國家利益。

此外，基於天皇在日本的地位崇尙、無上權威，以及日本軍人在太平洋島嶼作戰時表現出的勇敢及爲天皇犧牲的精神，美國不可能不考慮當日本決定本土決戰時，如果天皇號召國民對抗美軍殺敵衛國，美國則必須爲勝利付出高額的代價。以沖繩島攻防戰爲例，沖繩之役是第二次世界大戰唯一在日本本土進行的陸上戰鬥，除受傷人員外，該役全部戰死人數共二十萬零六百五十六人，其中包括來自日本及其它地方的支援部隊十二萬一千一百五十四人，沖繩縣出身的軍人及軍中文職人員二萬八千二百二十八人，平民三萬八千七百五十四人，美軍一萬二千五百二十人[10]。軍中文職人員與平民爲天皇效命的作戰方式，對美國而言深感震撼。

1944 及 1945 年美軍對日本全面大轟炸，日本本土的傷亡數目遠大於原子彈在廣島及長崎所造成的損傷。依據 1949 年 4 月日本當時經濟安定部在包括廣島、長崎原子彈爆炸在內之「太平洋戰爭我國因空襲傷亡綜合報告書」中統計顯示，廣島：死亡八萬六千一百四十一人，重傷一萬一千一百三十一人，輕傷三萬五千五百四十一人，失蹤一萬四千三百九十四人，合計十四萬七千二百零七人。長崎：死亡二萬六千二百三十八人，重傷三萬零四百人，輕傷一萬零七百一十三人，失蹤一千九百四十七人，合計六萬九千二百九十八人。全國不包括廣島、長崎在內的四十五個城市，因空襲而死亡者共十八萬七千一百零六人，重傷十萬四千六百七十三人，總計傷亡共二十九萬一千七百七十九人[11]。其中僅東京一市死亡九萬七千零三十一人，重傷五萬六千六百二十九人，輕傷五萬二千九百三十八人，失蹤六千零三十四人，合計二十一萬六千九百八十八人[12]。東京因空襲死傷的人數就大於廣島或長崎死傷之總和。日本在國內遭受轟炸犧牲慘重的情形下，仍無任何停止戰爭的意圖，而且爲了進行本土決戰，也已在日本本土劃分兩大作戰地區及指揮中心，即東京的第一總部及廣島的第二總部。因此，美國對廣島使用原子彈迫使日本無條件投降，如排除上述考量蘇聯之政治因素外，按當時對戰況的評估，對美國而言，美國有其使用原子彈轟炸日本之理由。

原子彈投擲目標選擇

投擲在廣島的第一顆原子彈對結束戰爭有重要的軍事及精神意義，其意義在於徹底毀滅日本的軍都及摧毀日本本土決戰的第二總部；實際上對廣島投擲原子彈後，美國無法確定日本是否或何時會宣布無條件投降，也無把握日本一定不會進行本土決戰、不會進行「一億玉碎」的玉石俱焚之焦土抵抗。投擲在長崎的第二顆原子彈則帶有強烈之最後通牒的警告與處罰性的報復，當 8 月 9 日第二顆原子彈在長崎爆炸後，杜魯門透過電台發表談話說：「我們使用原子彈是因爲日本用偷襲的方式攻擊珍珠港，是因爲日本用飢餓、鞭打及處死的方式對待美國戰俘，是因爲日本只會虛假的遵守戰爭法。」[13]

美國決策階層在有關對日最後階段的作戰政策上有不同的意見，是要用常規轟炸、以地面部隊進攻日本本土，還是要用原子彈轟炸日本，當時美國方面仍然認爲即使繼續使用原子彈轟炸日本後，仍有可能需要在日本本土決戰，雖然在波茨坦宣言中要求日本無條件投降，但卻認爲無條件投降的機率不高；事實上日本並未在美軍投擲第二顆原子彈前，有任何無條件投降的實質反應，而且事實亦證明當原子彈投下後，日本內部主張本土決戰仍爲決策圈的主流意見，如果盟軍在波茨坦宣言發布當時就明確的宣示不保留天皇制度，日本與美國進行本土決戰將不可避免。盟國對天皇制度存留與否保持了模糊及觀望的態度，實際上對日本宣布無條件投降有正面的助益。

有關投擲原子彈的決心下達，其過程如後：第二次世界大戰末期，杜魯門總統組織了一個臨時委員會，該委員會的職責是研究及報告有關戰爭管制及接受與原子彈相關問題的諮詢，是杜魯門的智囊團之一[14]。1945 年 6 月 1 日該委員會建議杜魯門應該儘快對日本使用原子彈，要投擲在軍需重鎮，並且要在事前未告知之的情形下使用[15]。

但是 1945 年 7 月 27 日臨時委員會之一的巴德（Ralph Bard）寫了一份備忘錄交給亨利史逖門生（Henry Stimson, Sectory of War），談到他對此事的看法：「我的看法是，決定對日本使用原子彈，應該在使用二或三天前警告日本，因爲美國是一個人道主義的國家。這幾個星期，我有一個非常確定的感覺，即日本政府正在尋找機會透過第三者表示投降之願意，美國可以派密使與日本的代表在某個地方接觸，並且告訴對方有關蘇聯的立場，同時告知使用原子彈的一些信息，此外，並告知杜魯門總統對天皇制度的關心，及日本無條件投降後美國之處理態度。」[16]

有關是否保留天皇制度，美、日雙方各有盤算，它涉及文化、社會，是一個須要細緻操作的政治問題，是或否美國方面都需伺機而動，但原子彈使用與否在當時則屬於政治、軍事戰略與戰術上的事務，美國方面，與巴德有不同看法的代表人物首推杜魯門的外交顧問，且於 1945 年 7 月 3 日高升爲國務卿的詹姆士拜尼斯（James Byrnes），在杜魯門之前的羅斯福總統時代，詹姆士拜尼斯曾任羅斯福倚重的國內事務顧問及戰爭動員辦公室主任，有權處理許多與戰爭有關的民間事務，當時他被視爲僅次於總統的實權人物[17]。杜魯門當選總統後，立刻任命詹姆士拜尼斯爲首席外交顧問，詹姆士拜尼斯於 1945 年 2 月曾陪同羅斯福參與雅爾達會議，當羅斯福於 1945 年 4 月去世後，詹姆士拜尼斯成爲美國國內雅爾達會議的權威。此外，詹姆士拜尼斯也是杜魯門倚重的臨時委員會成員之一，有權對有關原子彈運用、發展之事宜提出意見。是否對日本使用原子彈，詹姆士拜尼斯的態度對總統有一定程度的影響力，特別是雅爾達會議後蘇聯對東歐的野心使詹姆士拜尼斯有了戒心，他對原子彈的期望有雙重態度，除了利用它打敗日本，並希望能嚇阻蘇聯在遠東及東歐的擴張。

1945 年 7 月 17 日至 8 月 2 日的波茨坦會議，詹姆士拜尼斯在其中扮演了重要的角色，他敏感且深刻體認到戰後局勢發展的面向，以及共產蘇聯權力擴張的野心，因此他希望在蘇聯對日宣戰前結束對日戰爭，避免蘇聯勢力進入遠東地區，1945 年 7 月 24 日他曾告訴其助理瓦特布朗（Walter Brown）有關此事的看法：「投擲原子彈後日本會投降，蘇聯不會得到太多」[18]，詹姆士拜尼斯並指出「我們要在蘇聯介入之前，結束對日戰爭」[19]。

此外，詹姆士拜尼斯反對公開表明盟國將同意日本保留天皇制度，並不希望杜魯門以保留天皇制度作爲日本投降的交換條件，且反對將「保留天皇制度」一詞寫入波茨坦宣言中。當日本在 8 月 10 日願意投降但希望保留天皇制度時，他堅持不同意這個條件，認爲日本應該無條件投降。

此外美國決定使用原子彈的原因，按高浮斯（Leslie R. Groves）少將日後所著《現在可以說了》（*Now It Can be Told: The Story of the Manhattan Project*）一書中指出了理由，「迫使日本儘早投降，減少美軍的傷亡；由於蘇聯會在德國投降後三個月內與日本宣戰，美軍爲了在戰後對日本享有絕對的優勢地位，必須在蘇聯參戰前解決日本投降的問題；選定一個適當的目標，以檢視原子彈的威力」。高浮斯少將的理由多了一個即「選定一個適當的目標，以檢視原子彈的威力」[20]。

1945 年決定投擲原子彈的目標，盟軍先後設定多處並隨著戰局的發展而調整，其目標的選擇及刪除過程如下[21]：4 月列入目標的地點有東京灣、川崎、橫濱、名古屋、大阪、神戶、京都、廣島、吳、八幡、小倉、下關、山口、熊本、福岡、長崎、佐世保。5 月修定爲京都、廣島、新瀉。6 月：小倉、廣島、新瀉。7 月 3 日：京都、廣島、小倉、新瀉。7 月 25 日：廣島、小倉、新瀉、長崎。7 月 31 日：暫以廣島爲優先目標。8 月 1 日：新瀉被排除在外。8 月 2 日：決定投擲日爲 8 月 6 日，目標爲廣島、小倉、長崎。8 月 6 日：原子彈投擲於廣島。8 月 9 日：原子彈投擲於長崎。

原子彈投擲實錄

攜帶原子彈轟炸廣島的飛機 B-29 其暱名爲“Enola Gay”[22]，從離廣島市約一千七百哩（約二千七百四十公里）位於西太平洋天寧島（Tinian）[23]的美軍機場起飛，原子彈是由重巡洋艦印地安那波里號從舊金山運往該島；8 月 5 日晚原子彈即安裝完成，隨時準備執行任務，參加任務的機組員共十二人，副駕駛威廉帕生（William D. Parsons）上尉在飛行日誌中記錄了此一任務的過程：（當地時間，與日本時區差一小時）8 月 6 日 2：45AM 起飛，3：00 AM 開始設定引爆裝置，3；15AM 完成設定，6：05AM 通過 Iwojima 檢查點，航向日本，7：30AM 設定紅色標座，7：41AM 開始爬升並獲得目標區天氣資訊，第一、第三目標天氣良好，第二目標天氣不好，8：38AM 飛達 32700 呎，8：47AM 測試電路良好，9：04AM 航向朝西，9：09AM 目視目標──廣島，9：15AM 原子彈投擲[24]。

1945 年 8 月 6 日上午 8 點 15 分 17 秒，保羅提倍特（Paul Tibbets）駕駛的 B-29 上的投彈手湯姆費比（Tom Ferebee）[25]投下了「小男孩」型原子彈。43 秒鐘之後，在高度距地面約兩千呎的上空，一個直徑一千八百呎的火球將廣島化成了廢墟。同月 9 日的第二枚原子彈投擲於長崎，1945

年 8 月 15 日日本宣告無條件投降。

投擲於廣島的原子彈長一百二十吋（約三公尺），直徑二十八吋（約零點七公尺），重九千磅（約四噸）。投擲於長崎的原子彈長一百二十八吋（約三點二五公尺），直徑六十吋（約一點五公尺），重一千磅（約四點五噸）。

從三萬一千六百呎，約九千六百公尺投下原子彈後，“Enola Gay”立刻將飛行航向轉了一百五十八度到可目視目標區的位置，據 1995 年 7 月 24 日出刊的《新聞雜誌》（*Newsweek*）中“Enola Gay”的正駕駛保羅提倍特形容爆炸當時，「整架飛機內都是強烈的光線」「我將飛機轉向廣島，該城市被向上竄起可怕的菇狀雲籠罩」。華盛頓時間 8 月 6 日清晨，美國總統杜魯門透過收音機向全美宣布：「16 小時之前，一架美軍飛機在日本的廣島投擲了一顆炸彈，這顆炸彈的威力超過兩萬噸的 T. N. T.，它超過英國『大滿貫』（Grand Slam）兩千倍的威力，他是戰爭史上從未使用過的最大炸彈，它是一顆原子彈。」[26]

在廣島這一方面，從 8 月起即不斷地有警報發放，廣島進入警戒戒備，當時情況如表 7-1[27]。

表 7-1 1945 年 8 月廣島警戒戒備情況

日期	時間	警戒警報	空襲警報
8 月 1 日	21 時 06 分	發放	
	21 時 12 分		發放
	22 時 02 分		解除
	22 時 15 分	解除	
	23 時 01 分	發放	
	23 時 22 分		發放
8 月 2 日	00 時 12 分		解除
	00 時 17 分	解除	
8 月 4 日	23 時 50 分	發放	
8 月 5 日	00 時 35 分	解除	
	21 時 20 分	發放	
	21 時 27 分		發放
	23 時 55 分		解除
8 月 6 日（原爆日）	00 時 25 分		發放
	02 時 10 分		解除
	02 時 15 分	解除	
	07 時 09 分	發放	
	07 時 31 分	解除	

位於廣島市與西篠之間的松永監視哨及中野探造燈台，當天有下列之日誌紀錄：8 月 6 日天氣狀況：晴天，少量多雲，十五至二十度，南風，風速約每秒兩公尺。07 時 09 分：廣島發放警戒警報。07 時 31 分，警戒警報解除。08 時 06 分：松永監視哨發現兩架大型敵機航向西北。08 時 09

分：松永監視哨更正爲發現三架大型敵機。08 時 14 分：中野探造燈台在西條方向聽到大型飛機引擎聲。08 時 15 分：B-29 通過西篠上空，方向往西，通過中野探造燈台上空時方向稍偏西南，高度七千公尺以上，間隔兩百至三千公尺[28]。

廣島市這一方面，8 月 6 日清晨 7 時 9 分廣播播報有四架 B-29 出現在廣島西北方，但在 7：31 時又報導「沒有任何飛機出現在中國地區，軍方沒有發現任何飛機的行蹤」，8：00 稍前，廣島城堡中的中國地區軍事總部作戰室發出有敵機的警告，8：00 稍後，當日負責發放警報的值班人員古田真展得到消息後，快速趕往並進入警報發放室，看到消息稿上出現「8：13AM 中國地區軍事總部宣告有三架敵機已飛越西篠上空」[29]，正準備發放警報時，原子彈在廣島上空約兩千呎處爆炸。

註釋

[1]野村實，《帝國海軍》，前揭書，頁 302-303。

[2]這封重要且影響深遠的信件全文如下：Some recent work by E. Fermi and L. Szilard, which has been communicated to me in manuscript, leads me to expect that the element uranium may be turned into a new and important soruce of energy in the immediate future. Certain aspects of the situation which has arisen seem to call for watchfulness and if neccessary,

quick action on the part of the administration. I believe therefore that it is my duty to bring to your attention the following facts and recommedations.

In the course of the last four months it has been made probable-through the work of Joliot in France as well as Fermi and Szilard in America-that it may become possible to set up a nuclear chain reaction in a large mass of uranium, by which vast amounts of power and large quantities of new radium-like elements would be generated. Now it appears almost certain that this could be achieved in the immediate future.

This new phenomenon would also lead to the construction of bombs, and it is conceivable-through much less certain-that extremely powerful bombs of a new type may thus be constructed. A single bomb of this type, carried by boat and exploded in a port, might very well destroy the whole port together with some of the surrounding territory. However, such bombs might very well prove to be too heavey for transportation by air.

The United States has only very poor ores of uranium in moderate quantities. there is some good ore in Canada and the former Czechoslovakia, while the most imporatnt source of uranium is Belgian Congo.

In view of this situation you may think it desirable to hace some permanent contact maintained between the Administration and the group of physicists working on chain reactions in America. One possible way of achieving this might be for you to entrust with this task a person who has your confidence and who could perhaps serve in an inofficial capacity. His task might comprise the following:

a)to approach Government Departments, keep them informed of the furhter development, and put forward recommendations for Government action, giving particular attention to the problem of securing a supplu of uranium ore for the United States;

b)to speed up the experimental work, which is at present being carride on within the limits of the budgets of University laboratories, by providing funds, if such funds be required, through his contacts with private persons who are willing to make contributions for this cause, and perhaps also by obtaining the co-operation of industrial laboratories which have the necessary equipment.

I understand that Germany has actually stopped the sale of uranium from the Czechoslovakian mines which she has taken over. That she should have taken such early action might perhaps be understood on the ground that the son of the German Under-Secretary of State, von Weizsacker, is attached to the Laiser-Wilhelm-Institut in Berlin where some of the American work on uranium is now being repeated.

[3] 有關曼哈頓計畫參閱：*Manhattan project [microform]: official history and documents* (Washington, D.C. : University Publications of America, 1977).

[4] 芝加哥反應堆及有關原子彈原料問題參閱：http://vm.nthu.edu.tw/science/shows/nuclear/nue-his/use2.html; http://vm.nthu.edu.tw/science/shows/nuclear/nue-his/use1.html, Leslie R. Groves, *Now It Can Be Told: The Story of the Manhattan Project*, Da Capo Press; 1983; Margaret Gowing and Lorna Arnold, *The atomic bomb* (London; Boston: Butterworths, 1979).

[5] 參閱 *Los Alamos: beginning of an era 1943-1945*, LASL's Public Relations Office, Los Alamos, N.M. : LASL, 1967; James W. Kunetka, *Los Alamos and the birth of the Atomic Age, 1943-1945* (Albuquerque: University of New Mexico Press, 1979).

[6]"We call upon the government of Japan to proclaim now the unconditional surrender of all Japanese armed forces, and to provide proper and adequate assurances of their good faith in such action". See Department of State, United States, *A Decade of American Foreign Policy: 1941-1949, Basic Documents* (Washington, DC: Historical Office, Department of State; U.S. G.P.O., 1950), pp. 28-40.

[7]"Stalin had told P.M. [Prime Minister Churchill] of telegram from Jap [sic] Emperor asking for peace" Robert Ferrell, ed., *Off the Record - the Private Papers of Harry S. Truman* (University of Missouri Press, 1997), p.53.

[8] 原文為：I. The status quo in Outer Mongolia (the Mongolian People's Republic) shall be preserved. II. The former rights of Russia violated by the treacherous attack of Japan in 1904 shall be restored. 1. The southern part of Sakhalin as well as the islands adjacent to it shall be returned to

the Soviet Union. 2.The commercial port of Dairen shall be internationalized, the pre-eminent interests of the Soviet Union in this port being safeguarded, and the lease of Port Arthur as a naval base of the U.S.S.R. restored. 3.The Chinese-Eastern Railroad and the South Manchurian Railroad, which provide an outlet to Dairen, shall be jointly operated by the establishment of a joint Soviet-Chinese company, it being understood that the pre-eminent interests of the Soviet Union shall be safeguarded and that China shall retain sovereignty in Manchuria. III. The Kurile Islands shall be handed over to the Soviet Union. See Department of State, United States, *A Decade of American Foreign Policy: 1941-1949, Basic Documents* (Washington, DC: Historical Office, Department of State; U.S. G.P.O., 1950), pp. 23-28.

[9]"We have used it in order to shorten the agony of war, in order to save the lives of thousands and thousands of young Americans". see *Public Papers of the Presidents of the United States - Harry S. Truman*, Vol. I, (1945), Washington, D.C.: U.S. G.P.O., 1961-1966, p. 197.

[10]Keiko Ogura (ed.) *Hiroshima handbook* (Hiroshima: The Hiroshima Interpreters for Peace, 1995), p.256.

[11] 同上，頁 193。

[12] 同上。

[13]"Having found the bomb we have used it. We have used it against those who attacked us without warning at Pearl Harbor, against those who have starved and beaten and executed American prisoners of war, against those who have abandoned all pretense of obeying international laws of warfare" , see *Public Papers of the Presidents of the United States-Harry S. Truman,* Vol. I, (1945), Washington, D.C.: U.S. G.P.O., 1961-1966, p.212.

[14]*Henry Stimson letter to Vannevar Bush, 5/4/45*, Bush-Conant Files, RG 227, microfilm publication M1392, roll 4, folder 19, National Archives, Washington, DC.

[15]"That the [atomic] bomb should be used against Japan as soon as possible; that it should be used on a war plant surrounded by workers' homes; and that it be used without prior warning." Notes of the Interim Committee Meeting, Friday 1 June 1945, Correspondence ("Top Secret") of the

Manhattan Engineering District, 1942-1946, RG 77, microfilm publication M1109, file 3, National Archives, Washington, DC. The Interim Committee reaffirmed this recommendation at their 6/21/45 meeting.

[16]*MEMORANDUM ON THE USE OF S-1 BOMB*, Harrison-Bundy Files, RG 77, microfilm publication M1108, folder 77, National Archives, Washington, DC.

[17]David Robertson, *Sly and Able: A Political Biography of James F. Byrnes* (W.W. Norton & Company, 1994), pp. 320-327；其餘有關 James F. Byrnes 相關資料參閱 James B. Byrnes, (interviewed by George M. Goodwin, [1976]), *James B. Byrnes: oral history transcript* (Los Angeles, Oral History Program, University of California, Los Angeles, 1977); Patricia Dawson Ward, *The threat of peace: James F. Byrnes and the Council of Foreign Ministers, 1945-1946* (Kent, Ohio: Kent State University Press, 1979).

[18]"After atomic bomb Japan will surrender and Russia will not get in so much on the kill". Robert Louis Messer, *The End of an Alliance: James F. Byrnes, Roosevelt, Truman and the Origins of the Cold War* (University of North Carolina Press: 1982), p.105.

[19]"We wanted to get through with the Japanese phase of the war before the Russians came in." *We Were Anxious To Get the War Over* (U.S. News and World Report, Aug./15/1960), p.66.

[20]William Lawren, *The general and the bomb: a biography of General Leslie R. Groves, director of the Manhattan Project* (New York: Dodd, Mead, 1988); Leslie R. Groves, *Now It Can Be Told: The Story of the Manhattan Project* (Da Capo Press; 1983), Part II.

[21]廣島原爆紀念館資料錄。

[22]B-29性能諸元：翼展 141 呎，機身長 99 呎，四具 2,200 匹馬力 Pratt and Whitney R-3350 氣冷式發動機，最大空速 363 mph，最大升限 33,600 英呎，最大航程 2,650 miles，攜帶外油箱時可達 3,250 miles，無掛載時飛機空重 74,500 磅，滿載總重 120,000 磅。其餘有關 Enola Gay 參閱 Mark Levine, *Enola Gay* (Berkeley, Calif. : University of California Press, 2000); Gordon Thomas, *Enola Gay* (New York: Stein and Day), 1977.

[23] 天寧島位於塞班島西南方約五公里，美國從 1944 年 7 月 24 日對天寧島開始地面攻擊，8 月 3 日方攻克天寧島，美國奪得該島後立刻修築機場。

[24] Yoshiteru Kosakai, *Hiroshima Peace Reader* (Hiroshima Peace Culture Foundation, Japan, 1996), 11ed. p.27.

[25] 湯姆費比（Tom Ferebee）生於 1918 年 11 月 9 日，父親務農，共有 12 個兄弟姊妹，其排行第二，在 B-29 上投下人類第一顆原子彈時，年 26 歲，2000 年 3 月 16 日湯姆費比於家中逝世，時年 81 歲。

[26] 原文如下：Sixteen hours ago an American airplane dropped one bomb on Hiroshima, Japan, and destroyed its usefulness to the enemy. That bomb had more power then 20000 tons of T.N.T.. It had more than two thousand times the blast power of the British Grand Slam, which is the large bomb ever yet used in the history of warfare….. It was an atomic bomb. *Public Papers of the Presidents of the United States-Harry S. Truman,* Vol. I, (1945), op. cit., p.28.

[27] 《廣島原爆戰災誌》，第 1 卷，第 1 編，總說，廣島：廣島市役所，昭和 46 年 8 月 6 日，頁 31-2。

[28] 同上註，頁 62。

[29] 同上註，頁 30。

第8章

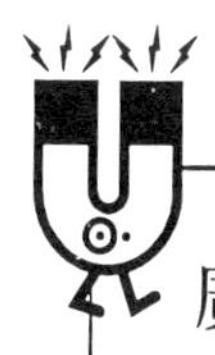

廣島作為目標的原因、戰損及緊急處分

· 本土決戰之第二總司令部
· 原爆當時廣島留守部隊及戰損
· 原爆後廣島之緊急處分

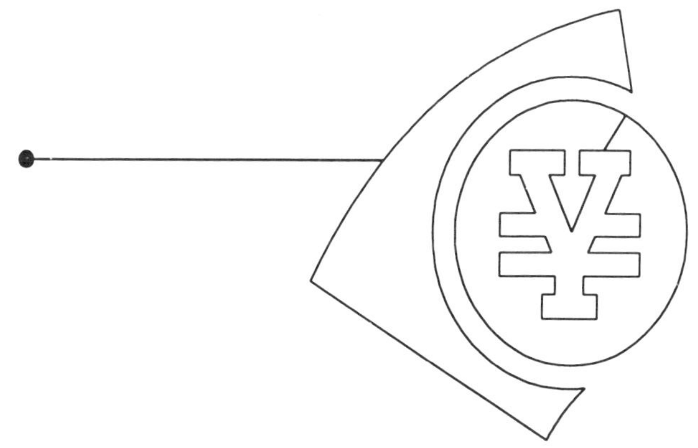

1940 年太平洋戰爭開始後，廣島在原有的軍事基礎上擴大建設軍事設施，市內與市郊的軍需工廠生產值大幅提高，人口亦隨著軍事工業的需求而大量增加，據統計，1935 年廣島市有人口三十一萬零一百一十八人，1940 年有三十四萬三千九百六十八人，1942 年則增加到四十一萬九千一百八十二人。盟軍選定廣島做爲第一顆原子彈投擲目標的原因之一，係廣島市是一個典型的軍事城，第二次世界大戰末期廣島市內的軍事基地分布全市各處；駐紮的軍事單位有司令部、團部、營部、輜重隊、砲兵隊、要塞砲兵、工兵隊、騎兵隊、陸軍兵器支廠、陸軍糧秣廠、練兵場、位於江波的射擊場、位於宇品港的陸軍運輸部，比治山上的軍械庫；宇品港口停泊著戰艦、運兵艦，廣島市內河道及鐵道之運輸往來頻繁，穿著軍服的軍人是城市各類活動的主力。

此外，更重要的原因是，盟軍擔心投擲在東京或京都這些在日本具有政治或歷史代表性意義的城市，會強化日本軍民最後本土決戰的戰鬥意志及決心，會造成盟軍最後勝利的時間向後拖延及增加盟軍犧牲的人數。廣島有重要的軍事設施、工廠、指揮中心、是日本軍需工廠的戰略要地，並在帝國軍事擴張的歷史上扮演重要的角色，也是本土決戰的兩大總司令部之一，當時廣島市內仍有兩萬五千名軍人在活動，是一個典型的軍事城，而且轟炸廣島可以打擊敵人有生戰力，也可壓迫或警告東京的當權派儘早結束戰爭。

本土決戰之第二總司令部

1945 年日本面對情勢惡化的戰爭，日本軍部決定要進行「本土決戰」，內閣要求日本人民爲了保存日本國土要有「一億玉碎」的決心，當年 7 月爲了配合「一億玉碎」政策，成立了空軍司令部與與陸軍第一、第二總司令部，其中陸軍第二總司令部即設立於廣島，司令官爲江畑俊大將，部址爲原第五師團騎兵營營部。此外，爲了本土決戰，1945 年 6 月日本政府通過「國民義勇兵役法」，根據此法下達「國民義勇戰鬥隊統率令」，規定 15 至 60 歲的男性，17 至 40 歲的女性必須加入國民義勇戰鬥隊與敵作戰。

廣島市依據法令，包括市長粟屋仙吉在內所有符合條件者均加入義勇戰鬥隊，廣島市共劃分東、西兩隊，東隊隊長：奧久登，副隊長：村上哲夫。西隊隊長：田中好一，副隊長：倉本周誓。爲了預防空襲時受損，廣島市制訂頒布了「廣島市大避難實施要領」，其中規定有關重要文書之保存、避難生活之必需糧食及醫藥品的準備，與避難場所的劃分等事項。

1944 年 11 月 11 日，B-29 在廣島之御調郡原田村的山林中投下十二枚燃燒彈，1945 年 3 月 18、19 兩日 B-29 一架在廣島市投下十枚炸彈，炸死十人，重傷五人，輕傷十一人，建築物全毀十四戶，半毀十五戶，全燒五戶，半燒五戶。6月 22 日 B-29 共兩百九十架飛越「吳」市之安藝郡音戶町，並投彈五十八枚，炸死六十九人，重傷三人，輕傷九人，失蹤一人，建築物全毀四十六戶，半毀一百五十三戶。7 月 1日夜 11 時 50 分及 3 日凌晨 2 時 30 分，B-29 約八十架再次飛抵、轟炸「吳」市，此次一千八百一十七人死亡，重傷一百一十六人，輕傷三百三十七人，失蹤五十二人，建築物全燒兩萬兩千零五十二戶，半燒一百一十六戶，吳市之市中心成爲灰燼[1]；自 7 月 7 日以後吳市每日均遭受空襲，廣島市亦不例外。

早在中日戰爭爆發後的 1937 年 12 月廣島市就配合政府公布的「防空法」，成立各市町防護團等組織，此外，爲了防空實際上的需要，另將消防團與防護團合併，並於 1939 年4 月 1 日起將此一合併的組織改名爲「警防團」。「警防團」之人事結構包括團長、部長、班長、警防員等不同之階級，組織則分爲組織本部、警備部、消防部、防毒部、配給部、工作部。1941 年 9 月廣島市內設置了「廣島縣防空本部」，同年 12 月日本政府修訂「防空法」，公布「防空監視隊令」，廣島市配合組織了「廣島縣防空監視隊本部」，成立廣島、尾道防空監視隊。1945 年 3 月 9 日東京受到美軍猛烈的轟炸，傷亡慘重，廣島市爲了應付可能的空中攻擊，於市役所內成立「市防空本部」，以指揮各種防空事項。

1945 年 1 月，當時廣島市「警防團」的人力配置如下：東警防團，編定員額一千七百八十八人，實際員額一千三百人；西警防團，實際員額六百人；宇品警防團，編定員額九百三十五人，實際員額五百零七人；總計實際員額共兩千四百零七人。東警防團的管轄地區：青崎、大洲、矢賀、尾長、荒神、牛田、白島、幟町、竹屋、段原、比治山、仁保。西警防團的管轄地區：大手町、袋町、中島、本川、廣瀨、神崎、舟人、江波、三篠、大芝、天滿、觀音、福島、已斐、古田、草津。宇品警防團的管轄地區：千田、皆實、大河、楠那、宇品、宇品海上、似島[2]。

日本軍部在戰爭後期計劃本土決戰，並設定各種與防衛作戰相關之機制，除了於東京成立第一、廣島成立第二總司令部外，並發布「總動員警備要綱」及「國內防禦方策要綱」，廣島依據此一政策在「中國地區司令部」下設立「廣島地區特設警備部」。「廣島地區特設警備部」共有兩個特設警備隊：第一警備隊：隊長：山內二男磨陸軍大佐，所址：幟町國民學校內。第二警備隊：隊長：諏訪他一郎陸軍中佐，所址：廣瀨國民學校內。此外，另有特設警備隊第二五一大隊（隊長：世良孝熊陸軍少將）及第二零五特設警備工兵隊（隊長：陰山稔陸軍大尉）。

原爆當時廣島留守部隊及戰損

1945 年 8 月 6 日原爆當天留守廣島的軍隊、單位及其部隊長如表 8-1 所列[3]：

表 8-1 1945 年 8 月 6 日原爆當天留守廣島軍隊、單位及其部隊長

名稱	部隊長	階級
■大本營中國軍團區		
第二總司令部	畑俊六	大將
大本營第二陸軍通訊隊	中路虛雄	大佐
中國軍管區司令部	籐井祥治	中將
中國軍管區步兵第一補充隊	須籐重夫	中佐
中國軍管區砲兵補充隊	川副原吉	中佐
中國軍管區工兵補充隊	谷川熊彥	少佐
中國軍管區錙重兵補充隊	田島權平	少佐
中國軍管區通訊補充隊	富岡善藏	大尉
中國軍管區教育隊	柳生峰登	少佐
廣島地區司令部	富士井末吉	少將
廣島聯隊區司令部	富 士 井 末 吉（兼）	少將
■廣島地區警備司令部及特設警備隊		
特設警備第二一五大隊	世良孝熊	少將
第二零五特設警備工兵隊	陰山稔	大尉
廣島地區第一特設警備隊	山內二男磨	大佐

（續）表 8-1 1945 年 8 月 6 日原爆當天留守廣島軍隊、單位及其部隊長

名稱	部隊長	階級
廣島地區第二特設警備隊	諏訪他一郎	中佐
廣島地區第十六特設警備隊	鍋島重雄	少佐
廣島地區第十七特設警備隊	--	--
廣島地區第二十一特設警備隊	大原靜雄	中尉
廣島地區第二十三特設警備隊	宗清常一	中尉
廣島地區第二十四特設警備隊	三原清雄	中尉
廣島地區第二十六特設警備隊	高坂昭正	大尉
■第五十九軍		
第五十九軍司令部	藤井祥治	中將
第二二四師團司令部	河村參郎	中將
第三十五航空情報隊	畑中正義	中尉
步兵三四零聯隊	友沢兼夫	中佐
第二二四師團迫擊砲隊	友沢兼夫（兼）	中佐
第二二四師團工兵隊	槅穆省躬	少佐
第二二四師團通信隊	吉光保夫	大尉
第二二四師團輜重隊	河村參郎（兼）	中將
獨立混成第一二四旅團砲兵隊	山本信夫	大尉
獨立混成第一二四旅團工兵隊	岩崎純道	大尉
獨立混成第一二四旅團通信隊	戶井功	中尉
■第一五四師團		
第一五四師團通信隊	富依英男	大尉
第一五四師團砲兵隊	--	--
第一五四師團輜重隊	荻原國雄	少佐
■高射砲第三師團		
高射砲第一二一聯隊	船木恆雄	中尉
高射砲第一二二聯隊	--	--

（續）表 8-1 1945 年 8 月 6 日原爆當天留守廣島軍隊、單位及其部隊長

名稱	部隊長	階級
高射砲第一二三聯隊	辻芳郎	大尉
獨立高射砲第二十二大隊本部	內山恆太	少佐
■廣島兵站部		
廣島地區鐵道司令部	阿部芳光	少將
廣島停車場司令部	幸田康孝	中佐
獨立鐵道第二大隊	齊籐進	--
第十八獨立鐵道作業隊	--	--
獨立工兵第一一六大隊	幸田貞一	大尉
獨立工兵第一一七大隊	人村公爾	大尉
廣島陸軍兵器補給廠	田山吉治	大佐
廣島陸軍被服支廠	佐籐重三郎	大佐
廣島陸軍糧秣廠	石光榮	大佐
■廣島陸軍軍需輸送統制部		
陸軍軍需輸送統制部	畑勇三郎	少將
特設陸上勤務第一零三中隊	中塩正義	中尉
特設水上勤務第一三二中隊	堀利雄	中尉
■中國憲兵隊		
中國憲兵隊司令部	瀨川寬	大佐
廣島憲兵分隊	田中要次	大尉
宇品憲兵分隊	高橋太郎	大尉
特別機動隊	--	--
■船舶司令部		
船舶司令部	佐伯文郎	中將
船舶司令部第三次支部	畑勇三郎（兼）	少將
教育船舶司令部	沢田保富	中將
船舶砲兵團司令部	中井千萬騎	少將

（續）表 8-1 1945 年 8 月 6 日原爆當天留守廣島軍隊、單位及其部隊長

名稱	部隊長	階級
船舶砲兵教導聯隊	佐佐木秀綱	中佐
船舶通信補充隊	日山千里	大佐
船舶練習部	芳村正義	少將
野戰船舶本廠	梶秀逸	少將
船舶裝備教育隊	伊藤敏	少佐
陸上勤務第二二零中隊	木橋武	中尉
陸上勤務第二零八中隊	菅悟	中尉
陸上勤務第二零九中隊	井村法端	中尉
病院船衛生第十四班	竹中長造	中佐
病院船衛生第五十三班	池田苗夫	中佐
船舶衛生隊本部	西村幸之助	大尉
船舶通信聯隊	太田千太郎	大佐
船舶通信第二大隊	--	--
第一船舶運輸司令部	佐伯文郎（兼）	中將
海上驅逐第一大隊	--	--
海上運輸第二十大隊	--	--
船員教育部	--	--
■廣島陸軍病院		
廣島陸軍第一病院	元吉慶四郎	少將
廣島陸軍第一病院江波分院	下間仲一	大尉
廣島赤十字病院	竹內釼	少將
廣島陸軍第二病院	木谷佑寬	大佐
廣島陸軍第二病院三淹分院	肥後研吉	中佐
廣島陸軍病院看護婦女徒教育隊	花房光一	大尉

上述廣島市內的軍事單位，多數建築物在原爆當時完全被毀，依據原爆後的調查資料顯示，人員方面將官、校官、尉官死亡八十一人，受傷三百三十六人，失蹤三百零七人。士官死亡八十人，受傷三百七十五人，失蹤三百四十二人。兵死亡三百三十一人，受傷一千九百六十三人，失蹤一千七百一十九人。軍屬死亡九十三人，受傷三百六十五人，失蹤四百零九人。1947 年 11 月經過詳細的重新調查並公布，軍隊人員死亡共九千二百四十二人，失蹤八百八十九人[4]。另根據 1945 年 11 月 30 日廣島縣警察部調查報告，因原爆而傷亡的軍民（包括上述軍事單位傷亡人數）情形爲：死亡七萬八千一百五十人，重傷九千四百二十九人，輕傷二萬七千九百九十七人，失蹤一萬三千九百八十三人，合計十二萬九千五百五十九人[5]。

原爆後廣島之緊急處分

8 月 6 日原爆之後廣島市進行了下述之緊急作爲，當天各官廳立即轉移辦公地點，各警察局開始展開搜救工作並對死傷狀況進行瞭解。8 月 7 日廣島第二總司令部、警備司令部及市府官廳負責人舉行緊急會議，會中決議[6]：由於指揮系統遭受破壞，第二總司令部成立臨時指揮所，各單位派遣聯絡員於下午 6 時於比治山神社集中，負責傳遞消息。設置救護所、糧食、布匹分配所。迅速安置死亡者的遺體，如有運送困難的地區，遺體就地掩埋，集結僧侶頌經。右、中比治山、八丁堀、紙屋町市役所，土橋、水町附近「刑務所」內的囚犯約四百人，放出擔任救援行動的工作。救護所設置在東練兵場、泉邸、被服廠、縣廳的原址、府中國民學校、市役所、比治山、東警察署、住吉橋、橫川、吉田國民學校、已斐、中山等地。此外，本次會議以廣島市長高野原進的名義，發出公告，鼓舞士氣，公告內容如下：「美國的空襲是要打擊我國民的戰鬥意志，市民們要相互救援，並恢復原職之工作，要抱有戰爭最後一定勝利的信念與決心，克服困難，為天皇戰鬥」[7]。

有關救援行動，廣島警備司令部將全市劃分為東、西、中、北四區，各區負責當地之救援，司令官分別為東區：教育船舶司令部司令官沢田保富中將。西區：野戰船舶本廠司令官梶秀逸少將。中區：船舶練習部司令官芳村正義少將。北區：船舶砲兵團司令官中井千萬騎少將。

有關民生問題，廣島市經濟第一部中心農業科長、地方事務所員協議糧食的配給方式如下：準備二十萬人份的罐頭共二十五萬個；蔬菜若干；砂糖一人一碗，每碗約一斤；水產食糧若干；酒，一人一份，每份三盒；煙，一人一份，每份十支。配給的對象為負傷者、官公衙、防空要員、放送局、新聞社、警防團、消防署、救護班。1945 年 8 月 6 日原爆之後的廣島，第三天恢復了部分的交通運輸，10 月 22 日木原七郎就任廣島市長，11 月成立「復興委員會」，12 月成立「廣島市戰災復興會」，開始各項災後復原之工作。

註釋

[1]《廣島原爆戰災誌》，第 1 卷，第 1 編，總說。廣島：廣島市役所，昭和 46 年 8 月 6 日，頁 31。

[2]同上註，頁 22。

[3]同上註，頁 38-46。

[4]《新修廣島市史》，第 7 卷，廣島市役所刊行，昭和 35 年 3 月 31 日，頁 650。

[5]《廣島原爆戰災誌》，第 1 卷，第 1 編，總說，前揭書，頁 155。或參閱：宍戸幸輔，《昭和 20 年 8 月 6 日 廣島軍司令部壊滅》（東京：読売新聞社，1991）。

[6]《新修廣島市史》，第 7 卷，前揭書，頁 447。

[7]《廣島原爆戰災誌》，第 1 卷，第 1 編，總說，前揭書，頁 55。

第 9 章

內閣關於投降之爭論

· 和、戰爭論

· 天皇發布投降昭書

· 主和、主戰觀點之異同

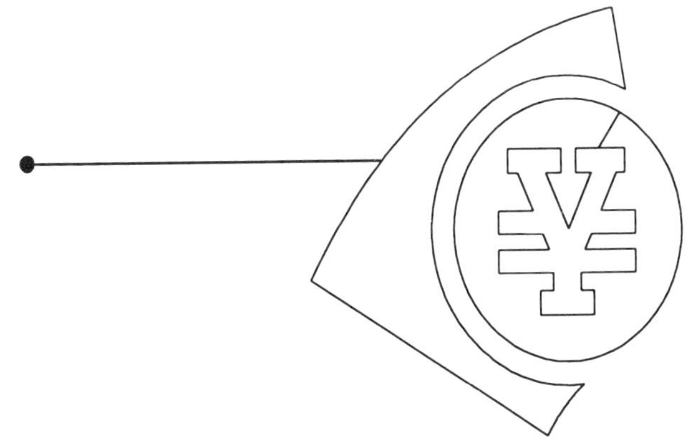

1945年8月6日8時15分第一顆原子彈投擲於廣島後，第二天下午外務大臣東鄉茂德晉見昭和天皇，報告原子彈所造成的傷害並建議日本應結束戰爭，日本軍部以陸軍大臣阿南惟幾爲首，強硬的主戰，不接受「菠茨坦協定」中對日本的要求，8月8日第二顆原子彈投擲於長崎，8月9日蘇聯軍隊進入「滿州」，正式對日宣戰，日本想透過蘇聯與英美斡旋的最後期望至此完全破滅，蘇聯對日宣戰，此舉對日本決定投降有推波助瀾的作用，這點可從昭和天皇對日本軍隊要求投降的詔書中明確的看出，詔書中說明「現在蘇聯已宣布對我們作戰，在如此的內、外環境下繼續作戰，將威脅到帝國的生存」[1]。

8月9日晚上11時50分，昭和天皇召開御前會議，地點在天皇御文庫地下室，出席會議的除了樞密院議長平沼騏一郎、陸軍省軍物局局長吉積正雄、海軍省軍物局局長保科善四郎、書記長官迫水久常、內閣綜合計畫局長官池田純久（陸軍），尙有內閣總理鈴木貫太郎、外務大臣東鄉茂德、陸軍大臣阿南惟幾、海軍大臣米內光政，陸軍參謀總長梅津美治郎、海軍參謀總長豐田輔武等六位最高戰爭指導會議成員。

和、戰爭論

會議中由書記長官迫水宣讀「菠茨坦協定」中有關日本的部分，當討論到日本的必要行動時，「和」「戰」兩派互有爭執，內閣總理鈴木貫太郎請求天皇御斷，天皇傾向鈴木貫太郎、東鄕茂德、米內光政等之主和意見，御前會議於 10 日凌晨 2 時 20 分結束。天皇雖有定斷，但是軍部對「菠茨坦協定」中「無條件投降」及「建立一個日本人民在自由意志下所建立之愛好和平與負責的政府」[2]有意見，主戰派成員認爲如接受由人民決定政府的形式，將使日本天皇體制崩毀，阿南惟幾仍不放棄繼續戰鬥的最後期望。實際上阿南等人非常清楚，既使由人民決定政府的形式，絕對多數的人民是對天皇忠誠的，不會企圖推翻天皇政體，而「菠茨坦協定」要求日軍無條件投降，才是陸軍大臣及其它軍部將領最不能接受的「脅迫」，投降使日本軍人榮譽受損。

8 月 12 日昭和天皇著陸軍軍服在吹上御所召集皇室成員，告知將停止戰爭，接受盟軍的投降條件，參與會議的皇族見表 9-1。

表 9-1 1945 年 8 月 12 日參與昭和天皇宣布投降會議皇族名單

名稱	階級
高松宮	海軍大佐　軍令部部員
三笠宮	陸軍少佐　航空總軍教育參謀
閑院宮	陸軍少將　第四戰車師團長
賀陽宮恒憲王	陸軍中將　陸軍大學校長
賀陽宮邦壽王	陸軍大尉　東京幼年學校第二學年生督導
久邇宮	海軍中將　第二十聯合航空隊司令
梨本宮守正王[3]	陸軍元帥　伊勢神宮祭主
朝香宮鳩彥王	陸軍大將　軍事參議官
東久邇宮稔彥王	陸軍大將　軍事參議官
東久邇宮盛厚王	陸軍少佐　第三十六軍情報參謀
竹田宮	陸軍中佐　第一總軍防衛主任參謀
李王垠[4]（朝鮮王族）	陸軍中將　軍事參議官
李鍵公（朝鮮王族）	陸軍中佐　陸軍大學教官兼研究部主事

昭和天皇對皇室成員表明，本土決戰無法扭轉戰局，美軍的轟炸已使日本遭受很大的損失。閑院宮、久邇宮表示「陛下決心已定，爲了保存國體，支持陛下的決定」，皇族中最年長的梨本宮元帥暨伊勢神宮祭主，表示「支持聖意」，此一會議，兩個小時後結束，欲結束戰爭的意見得到皇族無議異的支持。

8 月 13 日最高戰爭指導會議的六位成員內閣總理大臣鈴木貫太郎、外務大臣東鄉茂德、陸軍大臣阿南惟幾、海軍大臣米內光政、陸軍參謀總長梅津美治郎、海軍參謀總長豐田輔武，再度集會，天皇未參與這次會議，會議針對菠茨坦協定中要求日本投降問題再度討論，鈴木貫太郎、東鄉茂德、米內光政等三位仍希望接受波茨坦協定的要求，阿南惟幾、梅津美治郎、豐田輔武三位堅決反對。這時軍部右翼分子已開始逮捕贊成投降的官員及軍人。

當晚稍後由總理鈴木主持內閣會議，天皇及最高戰爭指導會議的四位成員未參加，討論到投降的問題，阿南惟幾仍毫不妥協的堅持反對，表決結果十二位讚成投降，三位反對，一位棄權。基於陸軍主控軍部大權，身為陸軍大臣的阿南惟幾，他的態度實際上反映了軍部主流意見，阿南認為除非下列四點被接受，否則寧願戰至最後一人也絕不投降：一、保留天皇制度。二、盟軍不能占領日本本土。三、日本自己決定解除武裝。四、日本自己審判戰犯。阿南惟幾態度強硬的提出這四點，盟軍不可能接受，阿南也不認為盟軍會接受，不接受就作戰到底，是他的主要目的。

直到 8 月 14 日日本軍部仍計劃繼續戰鬥，但是投擲在廣島及長崎的兩顆原子彈威力所發揮的嚇阻力，以及主和派研判投降後天皇制度將會被保留，因此，8 月 14 日昭和天皇再於上午 10：30 召開御前會議，參加的人員有內閣總理鈴木、內大臣木戶幸一、內閣閣員、最高戰爭指導會議成員，由於 12 日、13 日由鈴木總理主持的最高戰爭指導會議中，和、戰兩派相互激烈爭辯未有結論，陸軍大臣阿南等軍部人員不斷強調死裡求生及本土決戰的決心，外務大臣相東鄉茂德等人則主張接受 8 月 1 日發布的菠茨坦協定。在戰敗跡象明確，以及確保戰後日本皇室存在的考量下，此次御前會議決議停止戰爭，接受無條件投降，天皇的御令雖然含蓄但意思卻非常明確。

天皇發布投降昭書

8 月 15 日中午 12 時昭和天皇透過收音機向人民廣播，發布昭書宣布無條件投降，昭書上副署人員依序爲內閣總理大臣：男爵鈴木貫太郎，海軍大臣：米內光政，司法大臣：松阪廣政，陸軍大臣：阿南惟幾，軍需大臣：豐田貞次郎，厚生大臣：岡田忠彥，國務大臣：櫻井兵五郎，國務大臣：左近司政三，國務大臣：下村宏，大藏大臣：廣瀨豐作，文部大臣：太田耕造，農商大臣：石黑忠篤，內務大臣：安倍源基，外務大臣兼大東亞大臣：東鄉茂德，國務大臣：安井藤治，運輸大臣：小日山直登。

昭和天皇在「致忠良臣民」投降昭書中昭告日本人民[5]：「朕深感世界大勢與帝國之現狀，採取非常之措施，收拾殘局，茲告爾等臣民，朕已令帝國政府並通知美、英、中、蘇四國，接受其共同宣言，朕願接受此一宣言。謀求帝國臣民之康寧，同享萬邦共容之樂，乃皇祖皇宗之遺願，亦爲朕所眷眷不忘。帝國所以向美、英兩國宣戰，實爲希求帝國之自存與東亞之安定而出此，至於侵犯他國之主權，侵犯他國之領土，顧非朕之本志，然戰爭已有四載，雖然朕的陸海軍部隊勇猛善戰，文官勵精圖治，一億人民奉公盡責，但戰況並未好轉，世界大勢亦不利我，加之敵方最近使用殘酷之炸彈，頻殺無辜，實難逆料，如果繼續作戰，將使我民族招致滅亡，並將破壞人類之文明，如此，朕將何以保全億兆赤子，如何對得起皇祖皇宗之神靈，此乃朕之所以令帝國政府接受聯合宣言之原因。」

「對於始終與帝國共同解放東亞之盟國，不得不深表遺憾，思及帝國臣民死於戰場，殉國於職守時，朕五臟爲之俱裂；至於受到戰傷、戰禍，而失去生計者亦爲朕所掛念，今後帝國所受之苦難將非比尋常，朕亦深知爾等臣民之忠心，然時運之所趨，朕欲忍其所難忍，耐其所難耐，尋求和平。」「朕於維護國體，有爾等臣民之赤誠，朕將與臣民同在，若臣民茲生事端或者擾亂時局，並因而迷誤大道，失信於世界，此朕所深戒。臣民需舉國一致，子孫相傳，確信神州不滅，任重道遠，傾全力於將來之建設，篤守道義，堅定志操，勢必發揚國體之精華，不至落後於世界之進化，望臣民體諒朕意。」

雖然昭和天皇在投降昭書上將侵略說成爲了「自存與東亞之安定」，以「侵犯他國之主權，侵犯他國之領土，顧非朕之本志」撇清戰爭的責任，將投降的原因歸因於「敵方最近使用殘酷之炸彈，頻殺無辜，如果繼續作戰，將使我民族招致滅亡，並將破壞人類之文明」，但爲了保全天皇政體，日本接受了「菠茨坦協定」。日本在天皇發表昭書後正式無條件投降，由明治天皇開始實行的軍國主義及向外擴張政策，至此以戰敗及無條件投降收場。

無條件投降的昭書上，有阿南惟幾的副署，但阿南告訴其連襟說：「作爲一個軍人，我必須服從天皇的旨意」，阿南雖然簽署了投降文件，但在 8 月 15 日 12 時昭和天皇「玉音放送」向人民廣播宣布無條件投降之前自殺。

主和、主戰觀點之異同

論對天皇的忠誠度，不論「主和」「主戰」者都一樣，只是主戰者認爲繼續本土決戰才能保衛皇土，皇土不滅，天皇當然能保留；主和者則認爲戰敗不可避免，現在同意投降，能以投降做爲保留天皇制度的籌碼與盟軍談判，主和派以投降而企圖換取保留天皇制度的策略，天皇當然同意這點。當時以總理鈴木貫太郎、外務大臣東鄉茂德爲主的「主和」派，爲此事求見天皇並向天皇報告現狀，同時希望天皇直接要求軍部同意投降，「主和」派求見天皇並要求天皇令「主戰」派接受投降一事，其實已觸犯了至高無上的皇權權威，而且也冒著被暗殺、被政變的危險。事實上，從 8 月起軍部已開始逮捕主張投降的人員，而總理鈴木在 1936 年的政變中曾被極端軍國主義分子暗殺過。在危機重重下，促使主和派去做此事有三個理由：

1.主和派很現實的瞭解日本面臨被毀滅的危險，期望結束戰爭。

2.擔心軍部的主戰行動會摧毀最後的一線生機，爲了避免夜長夢多，主和派必須在軍部動手之前將意見直接反映給天皇。

3.主和派希望以投降換取保留天皇制度。

早在 8 月 8 日蘇聯宣布對日作戰及長崎被原爆之前，外相東鄉茂德在晉見天皇時就向天皇報告有關廣島核爆的嚴重性及目前乃結束戰爭之時機。當時「主和」「主戰」兩方對不接受「無條件投降」有一致的共識，主和者也擔心盟軍所謂「無條件投降」其中包括結束天皇制度，外務大臣東鄉茂德對此有相當的疑慮，他於 1945 年 7 月 12 日給日本駐蘇聯大使的備忘錄裡曾提到「美、英堅持無條件投降，我們的國家已無選擇的餘地，但還要仔細瞭解這可能帶來的影響」。所謂「影響」也就是天皇制度能否保留的問題，只是當長崎被原爆後「主和」派在被「毀滅」的陰影下識實務的改變了觀點，接受無條件投降。

最高戰爭指導會議成員「主和」的人員中最意外的是海軍大臣米內光政，米內為軍部的一員，蘆溝橋事件前後一直是強烈的軍國主義分子，在「投降」的選擇上卻與海軍參謀總長豐田輔武「主戰」的立場完全不同，也就是說有關日本軍人極其重視的「榮譽」責任，在關鍵性時刻，海軍內部有很大的分歧，海軍最高領導人米內立場的選擇也代表日軍在戰爭末期思想的分歧，米內光政大將的案例顯現阿南惟幾高估了本土決戰之實力與日軍在本土決戰時犧牲奉獻的精神。

註釋

[1] U. S. Govt. *I Imperial Rescript Granted the Ministers of War and Navy*. 17 August 1945. Reproduced in facsimile as Serial *2118, in *Psychological Warfare*, Part Two, Supplement *2 CINCPAC-CINCPOA Bulletin #164-45. 64-45.

[2]「無條件投降」（unconditional surrender of all Japanese armed force）及「建立一個日本人民在自由意志下所建立的愛好和平與負責的政府」（Established in accordance with the freely expressed will of the Japanese people a peacefully inclined and responsible）。

[3] 梨本宮守正王，陸軍士校七期畢業，1923 年（大正 12 年）8 月 6 日晉升大將，1932 年（昭和 7 年）8 月 8 日被封為元帥。

[4] 李王垠，陸軍士校二十九期、陸軍大學三十五期畢業，朝鮮皇帝李太王（高宗）第四子，曾任第五十一師團長（1941 年 7 月），教育總監部附（1941 年 11 月），第一航空軍司令官（1943 年 7 月），軍事參議官（1945 年 4 月）。

[5] 日文全文如下：「朕深く世界の大勢と帝国の現状とに鑑み、非常の措置を以て時局を収拾せむと欲し、茲に忠良なる爾臣民に告ぐ。朕は帝国政府をして米英支蘇四国に対し、其の共同宣言を受諾する旨、通告せしめたり。
抑々、帝国臣民の康寧を図り万邦共栄の楽を偕にするは、皇祖皇宗の遺範にして朕の拳々措かざる所、曩に米英二国に宣戦せる所以も、亦実に帝国の自存と東亜の安定とを庶幾するに出て他国の主権を排し、領土を侵すが如きは固より朕が志にあらず。然るに交戦已に四歳を閲し朕が陸海将兵の勇戦、朕が百僚有司の励精、朕が一億衆庶の奉公各々最善を尽くせるに拘らず、戦局必ずしも好転せず。世界の大勢、亦我に利あらず、加之敵は新に残虐なる爆弾を使用して頻りに無辜を殺傷し惨害の及ぶ所、真に測るべからざるに至る。而も尚、交戦を継続せむか、終に我が民族の滅亡を招来するのみならず、延て人類の文明をも破却すべし。斯の如くむば、朕何を以てか億兆の赤子を保し皇祖皇宗の神霊に謝せむや。是れ、朕が帝国政府をして共同宣言に応せしむるに至れる所以なり。
朕は帝国と共に終始東亜の解放に協力せる諸盟邦に対し、遺憾の意を表せざるを得ず。帝国臣民にして戦陣に死し、職域に殉し、非命に斃れたる者、及び其の遺族に想を致せば五内為に裂く。且、戦傷を負ひ、災禍を蒙り家業を失ひたる者の厚生に至りては、朕の深く軫念する所なり。惟ふに今後、帝国の受くべき苦難は固より尋常にあらず。爾臣民の衷情も、朕善く之を知る。然れども、朕は時運の趨く所、堪へ難きを堪へ、忍ひ難きを忍ひ、以て万世の為に太平を開かむと欲す。
朕は茲に国体を護持し得て、忠良なる爾臣民の赤誠に信倚し、常に爾臣民と共に在り。若し夫れ、情の激する所、濫に事端を滋くし、或は同胞排擠互に時局を乱り為に大道を誤り、信義を世界に失ふが如きは、朕最も之を戒む。宜しく挙国一家子孫相伝へ、確く神州の不滅を信じ、任重くして道遠きを念ひ、総力を将来の建設に傾け、道義を篤くし志操を鞏くし誓って国体の精華を発揚し、世界の進運に後れざらむことを期すべし。爾臣民其れ克く朕が意を体せよ。」

第 10 章

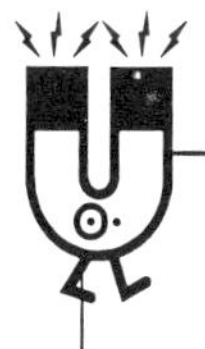

日本之改造

· 戰後第一任內閣
· 內閣成員之檢驗
· 戰犯

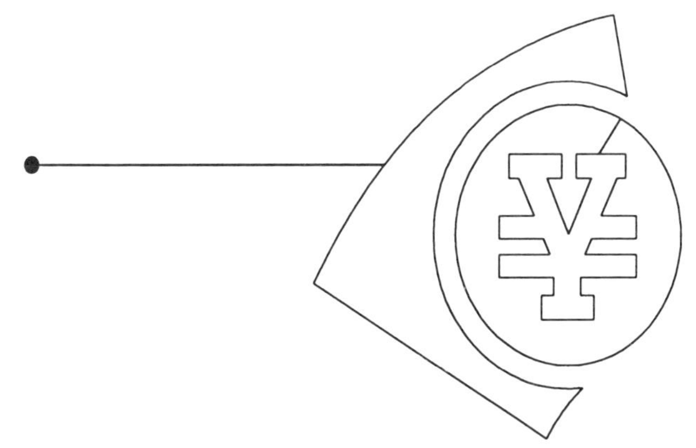

戰後第一任內閣

8 月 17 日天皇對所有作戰的軍人下詔書要求放下武器投降，當天總理鈴木貫太郎下台，內閣總辭，爲了表示日本皇室能承擔戰後安定社會的責任，確保日本軍人能放下武器，以及對美國表現皇室在日本仍有存在的價值等各種因素考量，日本史無前例的決定由東久邇宮稔彥王組皇室內閣，這一任內閣不論形象及實質在日本無條件投降之當時都應該非常重要，東久邇宮內閣成員及職務如下[1]：

內閣總理大臣：東久邇宮稔彥王。

外務大臣：重光　葵、吉田　茂（1945 年 9 月 15 日接任）。

內務大臣：山崎　巖。

大藏大臣：津島壽一。

陸軍大臣：東久邇宮稔彥（兼）、下村　定（1945 年 8 月 23 日接任）。

海軍大臣：米內光政。

司法大臣：岩田宙造。

文部大臣：松村謙三（兼）、前田多門（1945 年 8 月 18 日接任）。

厚生大臣：松村謙三。

大東亞大臣：重光　葵（兼）（1945 年 8 月 26 日廢止）。

農商大臣：千石興太郎（1945 年 8 月 26 日廢止）。

農林大臣：千石興太郎（1945 年 8 月 26 日廢止）。

軍需大臣：中島知久平（1945 年 8 月 26 日廢止）。

商工大臣：中島知久平（1945 年 8 月 26 日廢止）。

運輸大臣：小日山直登。

國務大臣：近衛文磨。

國務大臣：緒方竹虎。

國務大臣：小畑敏四郎（1945 年 8 月 19 日接任）。

內閣書記官長：緒方竹虎（兼）。

內閣法制局長官：村瀨直養。

內閣副書記官長：高木惣吉（1945 年 9 月 19 日設置）。

東久邇宮稔彥王，生於 1887 年（明治 20 年）12 月 3 日，爲久邇宮（中川宮）朝彥親王第九子，其妻爲明治天皇第九皇女聰子內親王，東久邇宮頭銜係 1906 年創設，稔彥王於 1917 年獲頒大勛位菊花大綬章，陸軍士官學校第二十期，陸軍大學第二十六期畢業，1933 年 8 月任第二師團司令官，1934 年 8 月任第四師團司令官，1937 年 8 月任陸軍航空本部司令官，1938年4月出任第二軍司令官，1939年1月擔任軍事參議官，同年8月晉升爲陸軍大將，1941年12月任防衛司令官，1942年4月4日獲頒天皇授予之「功一級金鵄勛章」。1945年4月再任軍事參議官，1947年10月撤除皇籍。

內閣成員之檢驗

戰後的第一次內閣負有重大的使命，任務也非常明確，即維護日本國體、確保天皇體制、維持戰後社會次序、執行盟國占領政策及與美國維持和諧的關係，但實際上東久邇宮內閣，由於其急躁地堅定維護皇室之立場，而無法且不情願完全站在戰敗者的位置深刻檢討戰爭責任；國務大臣近衛文磨的任用是一個最具代表性的實例，近衛是侵華戰爭的主謀，1937年6月4日第一次組閣後一個月就製造了蘆溝橋事件挑起中日大戰，在其總理任內，控制言論，1938年透過第七十三次帝國議會通過「國家總動員法」倡導思想統治的社會運動，在中國大力栽培汪精衛之親日政權。1941年7月22日組第二次近衛內閣，其內閣成員包括陸軍大臣東條英機、海軍大臣吉田善吾、外務大臣松岡洋右[2]等極端軍國主義分子，制訂「南進」政策，偷襲珍珠港發動太平洋戰爭，最後被國際法庭列爲戰犯。

另外海軍大臣米內光政則是一個值得注意的案例，米內於 1880 年（明治 13 年）3 月 2 日生於盛岡市愛宕町，爲藩士米內受政之長男，1898 年以第五十二名成績進入位於廣島縣的海軍兵學校第二十九期，1901 年 12 月 14 日以總人數一百二十五人中第六十八名畢業，海軍大學十二期畢業，1915 年（大正 4 年）3 月 20 日任駐俄大使館付武官事務補佐，1917 年 5 月 1 日任佐世保鎮守府參謀兼望樓監督官，1919 年 9 月 4 日任職海軍大學教官，其後歷任「春日」、「盤手」、「扶桑」及「陸奧」等艦艦長；1930 年（昭和 5 年）12 月 1 日晉升海軍中將任職「鎮海要港部司令官」，1932 年 12 月 1 日任第三艦隊司令官，1933 年 11 月 15 日任佐世保鎮守府長官，1934 年 11 月 15 日任第二艦隊司令長官，1935 年 12 月 2 日任橫須賀鎮守府長官，1936 年 12 月 1 日升任日本海軍重要軍職「聯合艦隊司令長官」並兼第一艦隊司令，米內於 1937 年 2 月 2 日的林銑十郎內閣、同年 6 月 4 日成立的近衛文磨內閣及 1939 年 1 月 5 日成立的平沼騏一郎內閣中均任海軍大臣一職，1937 年 4 月 1 日晉升大將，1940 年 1 月 16 日米內光政繼近衛文磨、平沼騏一郎及阿部信行之後接任第三十七代首相，同年 7 月 22 日米內離職，由近衛文磨再度接任總理，次年 12 月 8 日參與珍珠港事件，1944 年 7 月 22 日再任小磯國昭內閣及 1945 年 4 月 7 日鈴木貫太郎內閣之海軍大臣。米內光政與日本的侵略政策與軍事行動都有密切的關聯，但在 1945 年日本戰敗已不可避免時卻改變立場，與軍部劃清界限成爲主和派成員。

外相重光葵亦同，重光葵被任命後，基於其在侵華戰爭中主戰角色過於突顯，有損日本改革形象並非適合人選，因此，不到一個月，其職務即由曾任駐英國大使的吉田茂接替。

吉田茂，1878 年（明治 11 年）9 月 22 日生於東京，在田中義一內閣中擔任過外務次官，第一次世界大戰後海軍軍縮會議時任外務大臣幣原喜重郎的助理，1938 年任駐英大使，其岳父牧野伸顯，是明治維新重臣薩摩藩閥大久保利通之次男，曾任內大臣，深受皇室的信任。吉田茂日後任自由黨總裁，及擔任日本第四十五、四十八、四十九、五十、五十一代內閣總理[3]，任內負責新憲法的制定，1967 年 10 月 29 日去世。

包括有「戰犯」在內的東久邇宮內閣，實際上仍帶有強烈的軍國主義色彩，由於 1945 年 9 月 28 日的「相片風波」[4]不受美國信任而下台。幣原喜重郎於 10 月 9 日接任組閣，幣原內閣的目標非常清楚，即與美國密切合作，其內閣成員也做了配合性的調整，外務大臣：吉田茂。內務大臣：堀切善次郎、三土忠造（1946 年 1 月 13 日接任）。大藏大臣：澁澤敬三。陸軍大臣：下村定（1945 年 12 月 1 日廢除陸軍大臣一職）。海軍大臣：米內光政（1945 年 12 月 1 日廢除海軍大臣一職止）。司法大臣：岩田宙造。文部大臣：前田多門。國務大臣：松本烝治、次田大三郎（1946 年 1 月 13 日止）、石黑武重、楢橋渡（兩人從 1946 年 2 月 26 日起任職）、小林一三（任職期自 1945 年 10 月 30 日至 1945 年 3 月 9 日）[5]。值得注意的是雖然海軍大臣一職於 1945 年 12 月 1 日被廢除，但米內光政仍在幣原內閣最初的人事名單中出線，這與其在戰爭末期主和的立場有關。

戰犯

1945 年 9 月 10 日駐日盟軍總司令部逮捕了第一批戰犯，共三十八名，9 月 13 日公布第二批戰犯並進行逮捕，12 月 2 日陸軍元帥暨伊勢神宮祭主梨本宮守正王，被捕，5 日前首相近衛文磨及內大臣木戶幸一，被通知於 16 日必須到巢鴨監獄報到。梨本宮守正王及內大臣木戶幸一被列爲拘捕對象，對天皇是否必須爲戰爭負責一案上有指標性的作用，逮捕梨本宮表示皇室成員不能自於戰犯之外，梨本宮當時官拜元帥，除天皇外其爲軍階最高之皇室人員，而木戶幸一位居天皇內大臣一職，長期與昭和天皇密切相處，是心腹重臣，在戰爭過程中天皇的所有意念及行爲，木戶非常清楚。其餘如前首相近衛文磨、小磯國昭，及第一批戰犯東條英機等人及第二批戰犯土肥原賢二等人，毫無疑問的，當然要負起戰爭的罪刑。1946 年 5 月 3 日遠東國際軍事法庭正式開庭審理，1948 年 11 月遠東國際軍事法庭對起訴人員做出最後判決，列名 A 級戰犯包括木戶幸一在內共二十八名，相關名單、判決及個人簡歷如表 10-1 所述。

表 10-1 1948 年 11 月遠東國際軍事法庭判決 A 級戰犯名單

姓名	判決	經歷
東條英機	絞刑	關東軍憲兵隊司令官，關東軍參謀長、第二次近衛文磨（第三十八代）、第三次近衛文磨（第三十九代）內閣中任參謀總長，陸軍大臣，1941 年 10 月 18 日在擔任第四十代內閣總理時同時兼任外務大臣、內務大臣、陸軍大臣、文部大臣、商工大臣、軍需大臣。
廣田弘毅	絞刑	1932 年 5 月 26 日任齊藤實內閣（第三十代）、1932 年 7 月 8 日岡田啟介內閣（第三十一代）外務大臣，1936 年 3 月 9 日出任第三十二代內閣總理，廣田三原則之發布人。南京大屠殺的主謀之一。（文官）
板垣征四郎	絞刑	關東軍參謀長，「九一八」事件主要負責人，第五師團長，1938 年 6 月 3 日擔任第一次近衛文磨內閣（第三十四代）及 1939 年 1 月 5 日平沼騏一郎內閣（第三十五代）之陸軍大臣，中國派遣軍總參謀長，朝鮮軍司令官。
木村兵太郎	絞刑	關東軍參謀長，近衛文磨、東條英機內閣任陸軍次官。 緬甸方面軍司令官。

（續）表 10-1 1948 年 11 月遠東國際軍事法庭判決 A 級戰犯名單

姓名	判決	經歷
武藤章	絞刑	陸軍大學教官，參謀本部課長，陸軍省軍務局長、菲律賓第十四方面軍參謀長。
土肥原賢二	絞刑	1931 年任職關東軍司令部及奉天特務機關長，「九一八」事件負責人之一，1937 年第十四師團長，1939 年第五軍（滿州東部）司令官，1940 年軍事參議官，1941 升任航空總監陸軍大將，1944 年第七方面（新加坡）軍司令官，1944 年教育總監，1945 年第十二方面軍司令官兼第一總軍司令官。
松井石根	絞刑	1921 年哈爾濱特務機關長，1925 年參謀本部第二部長，1933 年晉升大將，同年主持新創設之大東亞協會，1937 年任中國方面軍司令官兼上海派遣軍司令官，1938 年復員回日本，同年任內閣參議，南京大屠殺主要負責人之一。
荒木貞夫	無期徒刑	1924 年憲兵司令，1925 年任陸軍參謀本部第一部部長，1931 年教育總監部本部長，1931 年 12 月 13 日任犬養毅內閣及 1932 年 5 月 6 日齋藤實內閣陸軍大臣，1933 年晉升大將，1937 年任第一次近衛文磨內閣及平沼騏一郎內閣之文部大臣。皇道派元老。
平沼騏一郎	無期徒刑	總檢察長，大審院院長，第二次山本權兵衛內閣司法大臣，1936 年樞密院議長，1939 年擔任內閣總理，第二次近衛文磨內閣之內務大臣，第三次近衛文磨內閣之國務大臣，1945 年擔任樞密院議長。
畑俊六	無期徒刑	1919 年陸軍大學教官，1923 年參謀本部作戰課長，1933 年關東軍第十四師團長，1935 年航空本部長，1936 年台灣軍司令官，1938 年中國派遣軍司令官，1939 年阿部信行內閣任陸軍大臣，1944 年晉升元帥。

（續）表 10-1 1948 年 11 月遠東國際軍事法庭判決 A 級戰犯名單

姓名	判決	經歷
橋本欣五郎	無期徒刑	1932 年滿州里特務機關長，1936 年日本青年黨黨魁，1942 年眾院議員，南京事件當時為參與事件之第十三聯隊長，積極主張侵略戰爭，並著書及發表論文鼓吹其論點，主張軍人支配政治的軍國主義狂熱分子，大政翼贊會[6]創設者。
大島浩	無期徒刑	1934 年任德國陸軍武官，1938 年晉升中將。
佐藤賢了	無期徒刑	1936 年 8 月陸軍省軍務局軍務課國內班長負責國家總動員計畫，1942 年 4 月任陸軍省軍務局長，1945 年 3 月晉升中將，4 月擔任第三十七師團長。
嶋田繁太郎	無期徒刑	1929 年晉升少將，1933 年軍令部第一部長，1935 年軍令部次長，1940 年中國方面艦隊司令長官，1941 年於東條英機內閣任職海軍大臣兼軍令部總長。
鈴木貞一	無期徒刑	1935 年內閣調查局調查官，興亞院政務部長，1940 年晉升中將，1941 年第二次近衛文磨內閣時任國務大臣兼企劃院總裁，東條英機內閣時任國務大臣兼企劃院總裁。
星野直樹	無期徒刑	1936 年任「滿州國」總務長官，擔任 1940 年第二次近衛文磨內閣企劃院總裁及 1941 年東條英機內閣書記官長。
賀屋興宣	無期徒刑	1929 年國際聯盟軍縮會議全權委員之隨員，1934 年主計局長，1937 年大藏省次官，同年任第一次近衛文磨內閣大藏大臣，1939 年北中國開發會社總裁，1941 年東條英機內閣大藏大臣。
小磯國昭	無期徒刑	1930 年陸軍省軍務局長，1932 年陸軍次官，1935 年朝鮮軍司令官，1939 年平沼騏一郎內閣及 1940 年米内光政內閣（第三十七代）之拓務大臣，1944 年任第四十一代內閣總理。

（續）表 10-1 1948 年 11 月遠東國際軍事法庭判決 A 級戰犯名單

姓名	判決	經歷
木戸幸一	無期徒刑	元老重臣木戸孝允之孫，曾任內大臣牧野伸顯之秘書官長，第一次近衛內閣文部大臣及厚生大臣，平沼騏一郎內閣內務大臣，1940 年任內大臣，曾任西園寺公望元老及昭和天皇之私人政治顧問，多數重要大臣會議之主持人，1945 年決定昭和天皇投降之關鍵人物之一。
南次郎	無期徒刑	朝鮮軍司令官、第二十八代若槻禮次郎內閣之陸軍大臣，關東軍司令官，朝鮮總督、樞密院顧問官，大日本政治會總裁。
岡敬純	無期徒刑	1934 年海軍省臨時調查課長，軍務局軍務第一課長，1940 年海軍省軍務局長，太平洋戰爭後期擔任戰爭指導，1945 以中將官階退伍。
梅津美治郎	無期徒刑	中國駐防軍司令官，廣田弘毅、林銑十郎、近衛文磨內閣時任陸軍次官，關東軍總司令官，參謀總長。
白鳥敏夫	無期徒刑	1930 年外務省情報部長，1940 年外務省顧問，大政翼贊會總務，1942 年眾議院議員。
東鄉茂德	徒刑 20 年	1941 年東條英機內閣外務大臣兼拓務大臣，1945 年鈴木貫太郎內閣外務大臣。
重光葵	徒刑 7 年	1931 年駐中國公使，1936 年駐英大使，1943 年東條英機及小磯國昭內閣外務大臣，1945 年東久邇宮稔彥　王內閣外務大臣。
松岡洋右	審判中死亡	政友會議員，1933 年國際聯盟臨時會議首席代表，1935 年南滿鐵道總裁，1940 年第二次近衛內閣外務大臣。
永野修身	審判中死亡	1936 年廣田弘毅內閣海軍大臣，1937 年聯合艦隊司令長官，1941 年軍令部總長，1943 年升任元帥。
大川周明	免訴	極端之國家主義者，曾參加北一輝倡導之國家主義社團，積極主張侵略戰爭。[7]

大川周明在羈押待審時因發瘋被送往精神病院，因此免訴。陸軍元帥暨伊勢神宮祭主梨本宮，雖被逮捕，但基於美國已決定迴避昭和天皇的戰爭責任，連帶放棄了對皇族人員的追訴。小磯國昭於 1950 年 11 月在獄中死亡。木戶幸一被判終身監禁，但於 1950 年後被放出。岡敬純於 1954 年被釋放。梅津美治郎於獄中死亡。賀屋興宣於 1955 年被釋放，並於 1958 年以自民黨身分當選眾議院議員，1963 年擔任池田勇人內閣之法務大臣。星野直樹於 1955 年釋放。東鄉茂德 1968 年 11 月獄中死亡。鈴木貞一於 1955 年釋放。白鳥敏夫於 1949 年 6 月獄中死亡。嶋田繁太郎於 1955 年釋放。重光葵於 1950 年釋放，並於 1952 年擔任改進黨總裁，1954 年起擔任鳩山一郎內閣之外務大臣。佐藤賢了於 1956 年釋放。大島浩於 1955 年釋放。

其它戰爭罪犯如前首相近衛文磨，及主張在日本本土進行決戰，曾任陸軍大臣阿南惟幾，陸軍元帥杉山元，前天皇侍從武官長本庄繁大將，海軍軍令部次長大西瀧次郎中將等陸軍二十九名將級軍官，四名海軍將級軍官因自殺，因此未被列入受審人員。

戰犯中最值得說明的是東條英機，1884 年 12 月 30 日東條生於東京都青山，1899 年 9 月 1 日入東京陸軍幼年學校第三期，1904 年 6 月進入日本陸軍士官學校，1905 年 3 月 30

日畢業於日本士官學校第十七期，畢業成績爲三百六十人中之第十名，同年 4 月 21 日東條任官陸軍少尉編入近衛步兵第三聯隊擔任補充隊附，後隨新編的第十五師團駐防哈爾濱，1913 年（大正 2 年）畢業於日本陸軍大學第二十五期，先後擔任陸軍省副官、駐德國武官、陸軍大學兵學教官、兼參謀本部部員、步兵第一聯隊長、參謀本部第一課長、步兵第二十四旅團長、關東軍憲兵司令官、關東局警務部長、關東軍參謀長、陸軍次官、航空總監等職。東條英機官位不斷攀升，曾擔任近衛文磨內閣的陸軍大臣，1941 年 10 月 18 日至 1944 年 7 月 22 日任第四十代內閣總理大臣兼陸軍大臣，1942 年 9 月 1 日至 9 月 17 日再兼外務大臣，1943 年 4 月 20 日至 4 月 23 日兼文部大臣，1943 年 10 月 8 日至 11 月 1 日兼商工大臣，1944 年 2 月兼參謀總長，東條英機在第二次世界大戰末期同時掌握軍、政、商、文部大權。戰敗後於 1945 年 9 月 11 日自殺未遂，1948 年 11 月 12 日被東京國際法庭判處死刑，同年 12 月 23 日執行。東條英機與陸軍士校同期同學：岡村寧次、板垣征四郎、土肥原賢二、永田鐵山、小畑敏四郎及磯谷廉介等人在中日戰爭中角色突出。

此外，東條英機受其父影響甚深，其父東條英教早年畢業於陸軍教導團，1883 年（明治 16 年）4 月進入陸軍大學第一期，1885 年以優等成績畢業，1872 年參加平定以西鄉隆盛爲首之封建武士叛亂的「西南戰爭」及參與 1894 年中日甲午戰爭，在甲午戰爭中東條英教輔佐日軍參謀總長川上操六大將並提供戰術建言，以致名聲大譟，後因在日本軍閥內部派系鬥爭中與當時的陸軍大臣、長州軍閥的主要人物寺內正毅大將（曾於 1916 年 10 月 9 日至 1918 年 9 月 29 日任第十八代內閣總理）不合，以中將軍階退役，晚年著兵書《戰術麓之塵》，該書被稱爲日本「陸軍寶典」。

東條英機是一個積極的國家擴張主義行動者[8]，在戰後的審判中承擔了發動戰爭的責任，由於東條擔任過內閣總理，這個頭銜巧妙的掩飾了昭和天皇在戰爭中的角色，內閣總理一職在內閣制的國家代表最高權力，但在日本它卻是天皇之下的最高行政官僚而已，實際上從蘆溝橋事件當時至東條英機組閣前日本政府另有六屆內閣，其中近衛文磨擔任三屆，平沼騏一郎一屆，阿部信行一屆，米內光政一屆；阿部信行、米內光政與東條英機均爲大將出身，阿部信行尙曾任右派組織大政翼贊會總裁，米內光政在組閣前曾任三屆海軍大臣積極執行軍國主義任務，而近衛文磨雖爲文官出身，但其軍國主義思想比陸軍更右翼；平沼騏一郎案例如同近衛文磨，如果沒有右翼極端主義的思想及行動，在當時的政治氣氛中，平沼不可能坐上總理的位置；內閣總理是由天皇任命，因此要負戰爭責任，上述幾人及天皇都不能卸責；東條英機被列名首席戰犯，阿部信行、米內光政卻順利逃脫。的確東條英機在內閣中的重要性在於他的陸軍背景，他的權力基礎也來自於他的陸軍實力，但無論他的實力有多大，背景有多強，不會也不敢違背天皇有關戰爭的御旨。不論評價如何，東條英機在昭和時代的歷史裡都占有一席重要且關鍵的地位。

註釋

[1]林茂、辻清明，《日本內閣史錄（Vol. 5）》，前揭書，頁2。

[2]有關松岡洋右的右翼思想，參閱其著作：松岡洋右，《興亞の大業》（東京：教學局，1940）。松岡洋右，《動く滿蒙》（東京：先進社，1931）。

[3]45代（1946年5月22日—1947年5月24日），48代（1948年10月15日—1949年2月16日），49代（1949年2月16日—1952年10月30日），50代（1952年10月30日—1953年5月21日），51代（1953年5月21日—1954年12月10日）。

[4]「相片風波」起因於日本政府禁止麥克阿瑟與昭和天皇的合照在報紙上刊登，理由是該相片中，昭和天皇穿禮服規規矩矩，又有點不安的站在麥克阿瑟旁邊，而麥克阿瑟僅著軍便服，雙手放後，態度不嚴謹，有損天皇形象。

[5]林茂、辻清明，《日本內閣史錄（Vol. 5）》，前揭書，頁32。

[6]大政翼贊會成立於1940年（昭和15年）宗旨為：萬民翼贊，一億一心，百道實踐。

[7]有關大川周明的思想，參閱：大川周明，《大東亞秩序建設》（東京：第一書房，1943）。大川周明，《日本精神研究》（東京：明治

書房，1939）。

[8] 參閱：保阪正康，《東條英機と天皇の時代》（東京：現代ジャーナリズム出版會，1979）。伊藤隆、廣橋眞光、片島紀男編集，《東條內閣總理大臣機密記錄──東條英機大將言行錄》（東京：東京大學出版會，1990）。

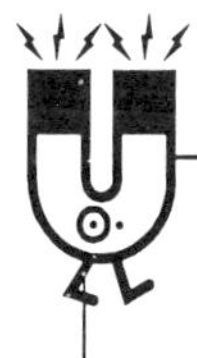

第11章 戰後的日本

· 天皇發布「人間宣言」 詔書
· 制定新憲法確定國體
· 教育改革
· 經濟改革
· 國防安全及作為

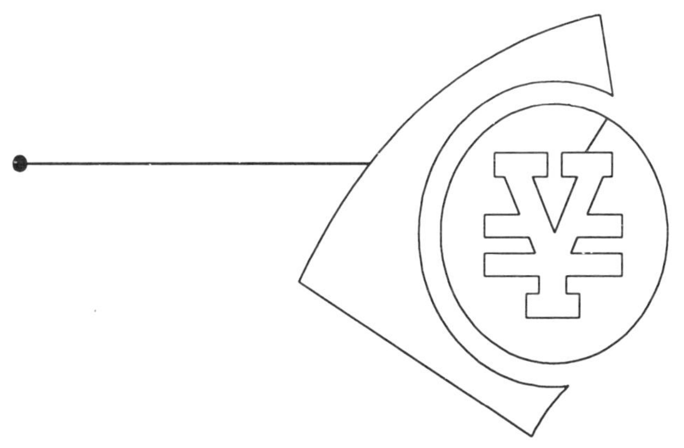

民主政治之基礎爲主權在民，因此檢驗一個國家是否民主的一個重要指標，在於民意能否在無恐懼的環境中能以自由意識充分表達，而反映在管理層級上則是政府的結構與權力的制衡機制是否健全；基於人的本性有內在的弱點，因此「制衡」乃民主政治的核心價值，任何人，不論是天皇，總統、首相都不應將自己視爲道德上的仲裁者，或是最後最高的權力擁有者，否則，腐化將隨著權力的獨占而產生。

政治的啓蒙先驅亞里斯多德（Aristotle）在《政治學》一書中，對民主的特質有下述之界定：「任職條件不取決於擁有財產資格，或者說只取決於最低的必需物品」「全體人從全體人中選出政府官員。任何事務，公民大會乃是最高的權威機構，官員對任何事都無最高的權力」「公民大會、法庭和政府機關的人員，其服務報酬完全一樣」「沒有任何終身職官員」。亞里斯多德對民主的規範，反映於現狀，就是一個人在公民社會中是否擁有權力，不能取決於其頭銜，如國王、天皇、成功的商人、或總統的兒子、女兒、親戚等；僅能檢視其是否具備擁有這個權力的基本條件，如透過一定合法程序的任命、選舉、考試等過程。權力不能依靠自然的繼承，必須以合乎法定的方式取得；而且是否擁有權力必須以多數人民的意願爲依歸，公民大會及各級議會才是最高的權力機構。

公民大會，乃人民政治參與的場所，常態而言，政治參與度與政治言論自由度爲決定該國是否民主的重要指標之一；自由度愈高，愈不容易產生獨裁或專斷獨行的政府，沒有專斷獨行的政府，對外進行軍事侵略的機率就愈低，除非人民被擁有個人政治魅力或高度演說技巧的政客，利用沉淪的社會現實、惡劣的社會、經濟環境，進行思想顛覆，透過合法的手段利用人民的政治權力，依自己的觀點模式達到改變社會結構的目的。民主不全然周延，民主不必然是人類最後的生活形式，但它對權力的「制衡」有一定的作用。

其它如約翰．洛克（John Locke, 1632-1704）對政府的觀點爲：「如果同一批人同時擁有制定和執行法律的權力，就會使法律用於私利，從而損害社會其它成員的利益，而且政府的權力是有限的，它的存在係基於與人民「社會契約」（social contract）的關係，政府不能滿足人民的需求或是政府違背了人民的託付，人民有權更迭政府」，爲了解決濫用職權的疑慮，洛克強調制衡，即使運用激烈的手段都有其必要。約翰．彌爾（John Stuart Mill, 1806-1873）在其《代議政治》（*Considerations on Representative Government,* 1860）一書中對代議政治的解釋爲：「代議政治亦即全民或其中之大部分經由自己選出的議員行使國家最高的統治權力。」

孟德斯鳩（Baron de Montesquieu, 1689-1755）則採取憲法主義，主張社會及經濟的正義，他相信正義與法律，厭惡任何形式的極端主義及狂熱主義，他信仰權力平衡及主張權力的分隔，反對任何個人、團體、或「多數」暴力統制，反對以社會平等爲藉口威脅個體的自由，當然他也反對個人、團體、或「多數」暴力以自由爲藉口有計畫的威脅政府；因此，孟德斯鳩周延地提出一個更有建設性及和平性的權力制衡方式，即爲了防止代表人民行使人民所委託事務的政府濫用職權，使人民的自由及福祉受到侵害，提出了三權分立辦法，進行結構性的相互制衡。此外，孟德斯鳩在《法律的精神》（*The Spirit of The Laws*）一書中強調「歷史的經驗告訴我們，無論誰掌握了權力都會濫用職權，都會將其威權發揮極致。若要制止職權的濫用，必須用權力來牽制權力」，因此孟德斯鳩不認爲一國之內必須有一人或一個機關掌握著至高無上的權威，因此他劃分政府的權力爲立法、行政、司法三權，三權相互制衡。

此外，除了政治權力的來源，政治權力繼承的方式亦可檢視一個國家民主的程度，政治體系中權力移轉的方式決定體系是否穩定，權力繼承有「規則繼承」和「不規則繼承」兩種模式；「規則繼承」依據法律、制度進行政治權力的轉移，法律、制度需要人遵守才能有效，因此，「規則繼承」

前提是政治菁英必須尊重遊戲規則，否則就是「不規則繼承」；「不規則繼承」的現象爲人治政治。日本在第二次世界大戰前，從內閣更換的頻率、更換之時間點，及擔任內閣閣員的背景，可以清楚地證明以天皇爲主導的政治，雖有形式上的內閣組織、議會及最高法院，但乃是實質之「人治」政治。

因此，如果按照上述對民主的界定，及綜合亞里斯多德、約翰·洛克、約翰·彌爾及孟德斯鳩等對人民與政府之間的關係、權力制衡的主張，及政治權力繼承的方式觀察日本戰後的各種政治行爲，可以對其未來走向及是否會復辟軍事主義見其概略。

天皇發布「人間宣言」詔書

日本無條件投降及其後的六年，實際上是被美軍管理，美軍最高指揮官爲麥克阿瑟上將（Douglas MacArthur），爲了防止軍國主義復辟，以麥克阿瑟上將主導的統治機構有計畫的重組日本社會結構，重新制訂各種政治及社會制度，皇室財富的來源之一的皇室土地重新分配給人民。1945 年 12 月 10 日駐日盟軍總司令部發布「廢除政府對國家神道及神社的保障、支援、保全及傳播」的命令，消除神道在日本牢固不破的根基，這是一道打破「神」意識的命令，爲去除日本天皇爲「現人神」的神話，邁出了第一步。

1946 年 1 月 1 日昭和天皇以「詔書」發布了「人間宣言」[1]，在宣言中，天皇表明自己是人，不是神。1946 年 5 月 23 日駐日盟軍總部命令取消皇族特權及縮小皇族認定的範圍，同年 11 月 29 日昭和天皇在宮內召開皇族會議，參與的皇族人員有：天皇的弟弟秩父宮、高松宮、三笠宮，另有閑院宮、伏見宮、東伏見宮、賀陽宮、久邇宮、梨本宮、朝香宮、東久邇宮、北白川宮、竹田宮等十家。昭和宣布：基於盟軍司令部的要求，除秩父宮、高松宮、三笠宮外其餘均降爲平民，不享奉祿，其收入及財產按規定課稅，昭和此一宣布改變了日本皇室千年以來的結構及傳統。

制定新憲法確定國體

1946 年 11 月 3 日，日本廢除明治憲法，公布了新的憲法[2]，新憲法公布當時的內閣成員爲內閣總理兼外務大臣：吉田茂。國務大臣：幣原喜重郎。司法大臣：木村篤太郎。內務大臣：大村清一。文部大臣：田中耕太郎。農林大臣：和田博雄。國務大臣：齊藤隆夫。遞信大臣：一松定吉。商工大臣：星島二郎。厚生大臣：河合良成。國務大臣：上原悅二郎。運輸大臣：平塚常次郎。大藏大臣：石橋湛山。國務大臣：金森德次郎。國務大臣：膳桂之助。新憲法除前文外共分十一章。

在前言中新憲法強調「日本國民，要經過選舉選出國會代表，以及爲了確保我們與我們的後代能享受因與各國和平互助所帶來的恩惠，決心不再發生因政府的行動而引發戰爭災難，在此宣言主權在民，並制定此憲法。政府的權威來自國民，其權力應由國民的代表行使，其福利由國民享受，這是人類的普世原理，本憲法即基於此原理而制定。我們排除與此原理相背的一切法令與詔敕」。

「日本國民祈求永久和平，深刻自覺地意識到維持人類相互關係的崇高理想，決心以信賴愛好和平的各國人民及其公正與正義，來保持我們的安全與生存。我們願意維護和平，成爲永遠消除專制、奴役、壓迫與偏見的國際社會裡光榮的成員。我們確認全世界人民擁有免於恐懼、貧困及在和平的環境下生存的權利。」

「我們相信任何國家都不能只顧自己無視他國，政治道德的法則具有普世價值，遵守此一法則是所有主權獨立國家與其它主權獨立的國家維持關係的基本義務。日本國民誓言以國家的榮譽，全力達到這一崇高的理想與目標。」

憲法第一章有關於天皇的部分，第一條，國民主權與天皇地位；規定「天皇僅是國家與國民統合的象徵，天皇的存在係基於人民的意願」。第二條，皇位繼承；「遵守由議會通過的皇室典範進行皇位繼承」。第三條，天皇之國事行爲：「天皇之所有的國事行爲，必須獲得內閣的同意與建議」。第四條，天皇權限：「天皇的權限依憲法第三條辦理，沒有任何等同政府的權力」。第六條，天皇的任命權；「任命經由議會通過的首相人選」「任命經由內閣通過的最高法院院長」。第七條，國事行爲；「天皇經由內閣的同意與建議，可代表人民執行下列行爲：公布憲法修正之條文、法律、政令、條約。宣告召集議會。解散眾議院。宣布國會議員大選。依法律進行國務大臣及其它官員任免、任命駐外大使、公使。宣布大赦、特赦、減刑及復權。批准外交條約。接受外國大使、公使呈遞的到任國書。參與儀式」。

第二章關於放棄戰爭部分，最重要的是第九條，該條規定「日本國民誠摯地追求以正義與秩序爲基礎的國際和平，永久放棄作爲一個主權國家發動戰爭的權力，及解決國際爭端使用威嚇與行使武力的權力。爲達成上述目的，將永遠不擁有陸、海、空軍及其它可作爲戰爭的工具，也不承認國家有交戰的權力」[3]。第三章關於國民的權利與義務部分，第十四條規定「放棄貴族制度，不論社會地位、出生背景、性別，人人平等」。第二十條規定「對任何人的信教自由都給予保障。任何宗教團體都不得從國家接受特權或行使政治上的權利」。第四章國會部分，第四十一條規定「國會爲國家最高權力機構，是唯一的立法機關」。第五章有關內閣部分，第六十五條規定「行政權屬於內閣」。第七章有關財政部分，第八十八條規定「所有的皇室財產均屬於國家，所有的皇室費用均需由議會編列預算」。第八十九條規定「公款以及其它國家財產不得為宗教組織和團體使用、提供方便和維持活動之用，也不得提供不屬於公立的慈善、教育或博愛事業支出或利用」。

對日本日後國家發展的律定，在軍事層面上，最具關鍵性的約束條文係第九條，按此規定，日本不能建立任何形式或實質的軍隊，並且「永久放棄作為一個主權國家發動戰爭的權力，及解決國際爭端使用威嚇與行使武力的權力」。1947 年 5 月 3 日，日本政府按憲法第十一章「補則」之第一百條規定「憲法公布後六個月後實施」正式實行新憲政。新憲法徹底去除了天皇無所不在的大權，最高權力在國會，天皇行為受約制，僅剩象徵性的地位。此外，憲法明確規定日本不能保有軍隊，日本的軍國主義在法律的意義上已被消滅。第二十條、第八十九條的規定使充滿軍國主義精神的靖國神社降格為東京都知事認可的宗教法人，失去了戰前所享有的種種政治特權。從此之後，萬世一系、大權在握、神道教主、陸海軍統帥、主持帝國會議的天皇在法律上已完全被繳械。以法而言，日本已呈現新的面貌。

日本憲法依據權力分立的原則，將國家的權力分爲立法、司法、行政三個部分，並將其功能分別由國會、法院、內閣執行，以制衡的原則防止權力過度集中或被濫用。依據憲法第四十一條規定「國會爲國家最高權力機構，是唯一的立法機關」，國會既是國家的最高權力機構，因此，由國會代表國民實行責任政治，其結構包括了眾議院與參議院。參議院任期六年，每三年改選一半的席次；眾議院議員每四年選舉一次，但如果眾議院在任期內被解散，則不受四年選舉一次的約束，可進行另一次的大選。眾議院的議員可以對內閣提出不信任案，參議院議員則無此權力。國會的立法權包括：法律之制定、預算的審查、條約的承認、修改憲法的提案權等。此外，國會具有內閣總理的指名權、兩議院各自獨立行使的國政調查權、眾議院的內閣不信任決議權等行政監督權，而且也擁有設立彈劾法院（由國民或最高法院提出罷免法官的追訴時，由兩議院各選出七名來審判）的權能。

行政權屬於內閣，內閣由總理及其它國務大臣組成，內閣閣員必須具有議員之資格。有關內閣總理的指名，當參眾兩院議決不同時，參議院必須在眾議院指名議決後十日提出異議，否則視同贊成眾議院之議決。在議案方面，參眾兩院議決不同時，可設兩院協調會，協商成立雙方均能接受之議案。兩院協調會由各院分選十名協調委員組成。在法案方面，參眾兩院議決不同時，眾議院的議員如以出席議員人數三分之二以上覆議通過，該法案即成立。在預算案方面，參議院如在眾議院通過的預算案後三十日內不議決，則該預算案則算通過。司法權屬於法院，分最高法院和下級法院。下級法院設有高級法院、地方法院、家庭法院和簡易法院等；法院獨立於其它國家機關之外，並且具有違憲法審查權，可以審查法律、規章、命令等是否符合憲法。

1946 年 4 月 10 日備受矚目的日本第二十二屆眾議院議員大選，本次選舉共選出四百六十六名議員，當選的黨派及人數如下：自由黨一百四十名、進步黨九十四名、社會黨九十三名、協同民主黨十四名、共產黨五名、其餘各黨派三十八名、無黨派八十名、欠員二名，新當選的議員中共有三十九名女性議員。5 月 16 日第九十屆帝國議會召集，6 月 20 日正式開會，會期共一百一十四天；院會前各黨派經過合縱連橫後眾議員的黨派人數有了調整，其中自由黨一百四十三名、進步黨九十七名、社會黨九十六名、民主黨準備會二十一名、協同民主黨四十二名、無所屬俱樂部三十名、新光俱樂部二十九名、共產黨五名、無黨派二名、欠員一名。參議院共三百三十五名：其中研究會一百二十五名、公正會五十九名、火曜會三十二名、交友俱樂部二十四名、無黨派俱樂部二十四名、同成會二十三名、同和會二十名、其餘各黨派議員二十八名。

有關國家運作之各項職能，相關法律陸續地被制定。對於皇室成員的規模也有新的律定，1947 年 1 月 15 日日本頒布了新的「皇室典範」，從「皇室典範」副署人員的規模可以瞭解日本政府對它的重視及「皇室典範」在日本社會的重要性，它與新憲法相同依序由內閣總理兼外務大臣：吉田茂，國務大臣：幣原喜重郎，司法大臣：木村篤太郎，內務大臣：大村清一，文部大臣：田中耕太郎，農林大臣：和田博雄，國務大臣：齊藤隆夫，遞信大臣：一松定吉，商工大臣：星島二郎，厚生大臣：河合良成，國務大臣：植原悅二郎，運輸大臣：平塚常次郎，藏大臣：石橋湛山，國務大臣：金森德次郎，國務大臣：膳桂之助，副署並於同年 5 月 3 日實施。新的「皇室典範」削弱了皇室的特權，皇室受議會監督，而戰前的皇室典範是與「大日本帝國憲法」擁有相同的法律效力。新的皇室典範，規定除了昭和天皇的三個弟弟及其子女有資格保留皇室身分外，其餘現有的皇族均降爲平民。

如依據「主權在民」的法律規範作爲檢驗一個國家是否民主的指標檢視日本，日本天皇戰後依法被去除了「神性」，而「天皇僅是國家與國民統合的象徵」及「天皇的存在係基於人民的意願」，天皇不再擁有干預政治的權力，皇室成員被減縮，天皇不再是當然的三軍統帥，同時削減皇室財源，收回龐大的皇室土地，將國家財富分配給一般人民。另外，成立能獨立執行國家政策運作的議會，以君主虛位的內閣制方式實行約翰・彌爾（John Stuart Mill, 1806-1873）的「代議政治」，也就是以「全民或大部分人民經由自己選出的議員行使國家最高的統治權力」，日本人民在自由意志下選擇各個層級的代議士，依據孟德斯鳩所提之三權分立的原則，以行政、立法、司法等三權爲結構的政府型態治理國家。

教育改革

以目前日本政府的產生方式及組織結構，理論上日本不應該再是一個會走軍國主義道路的國家。爲了洗滌人民對權威的盲目服從，避免軍國主義思想復辟及徹底消除軍國主義、皇權至上的社會深層根基，以及反省造就軍國主義的各種社會因素，重建戰後的日本，因此，在美國的主導下，日本政府對戰前的菁英教育進行了全盤的檢討，戰後教育改革的重點係以復甦日本工業及重整日本的政、經制度爲目標，因此，新的教育方針著重在廣設技術性之專門學校，並在大學內普設理工科系，根植科技發展實力，以期恢復工業產能復興國家。這次教改的基礎價值表現在量的擴充[4]、科技爲主、高等教育的普羅化[5]，及教育行政地方分權化；以地方分權取代戰前的菁英教育及中央集權主義、引進美國制度，包括學分制、選修制、升學適性測驗、講座及評議會議等。

1947 年 3 月，日本政府頒布了「教育基本法」，該法係最具有里程碑意義的教育改革法令，它取代實施於 1890 年的「教育敕語」；教育基本法律定學制爲六、三、三、四制，即小學六年、國中三年、高中三年、大學四年，並重新修訂課程內容及在大城市以外地區廣設以師範及技術爲主的高等學校；此外各種不同於教改有關的法令相繼提出並落實執行，如 1951 年頒布「實業教育振興法」，1953 年頒布「科學教育振興法」，1962 年創立高等技術學院新學制及頒布「日本的發展與教育」之教育政策白皮書，1963 年公布「人力開發的目標和措施」報告及 1966 年「擴大和發展高中教育」報告[6]。戰後，日本高等教育體制有了很大幅度的改變，高等教育的目的去除了爲軍國主義服務的宗旨，修訂爲「作爲學術中心，廣泛傳授知識外，同時研究高深的專門學術，推展知性的、道德性的應用能力」[7]。

自 1947 年開始的教育改革，初期並未完全去除大學爲菁英教育的社會價值觀，日本教育制度其實如同其政府結構，本質上屬於中央集權式的體制，雖然第二次世界大戰後，教育事務採取地方分權的管理模式，但在運作上受到東方專制主義文化的影響，「地方分權」執行的並不徹底，文部省仍擁有最大最多的權力以及最終的裁量權。此外，日本社會長期以來以學歷判定一個人的能力，且視所畢業的大學來決定未來的社會地位，這種以出身論斷未來前途的社會價值，乃封建社會階級意識的重現。「學歷主義」雖然在工業社會的發展初期有其功能，並優於以血統來衡量一個人社會地位的自然「血統主義」，但當學歷主義的價值無限上綱爲另一個學歷的「血統主義」時，教育則完全背離了平等、普遍原則，當教育的價值只是在創造一個社會新階級，而非普遍的開發人力資源，這種教育無疑仍是封建思想的延續，完全不具有競爭性及開創性，不符合時代的需求。

雖然日本政府的戰後教改係力求高等教育的普及，但由於教育機構地域分配不均引發大專院校過度集中於都會區，造成城鄉教育建設失衡的缺失，另外，更基於某種窄化的中央集權式的教育政策，有意無意的保留了「名校」、「菁英」情結，造成「學歷主義」與「社會菁英」之間的近親互動，這種社會現象強烈的反映了一種現實，即愈是社會菁英，其子弟進入名校的機率愈高；社會菁英維持及延續了名校製造社會菁英的迷思，在一個工業化或現代化初期的國家基於薄弱的國家經濟力無法普及高等教育，以及社會菁英由優越而產生的社群聚合力，由驕傲其背景而產生的社會責任感，不容否認此種現象對國力發展是有一定程度的貢獻，但在一個成熟、經濟高度發展、國民自主意識強烈的社會，這種教育制度已無法吸納及開發新的人力資源，人力資源受到局限，國力發展易逢瓶頸，難以突破，無法開創新的局面。

基本上，日本的高等教育在 70 年代之前仍擺脫不了菁英式的訓練模式，名校瓜分了大部分的教育資源[8]，日本當局及產學界清楚地意識到此種非普羅化的高等教育政策，有礙日本經濟及國力的永續發展，特別是日本要想突破局限於亞洲經濟強國的格局，立足世界，則必須與西方工業先進國家競爭，要增強競爭力則根本要務在改革教育，藉教育之途開發不同領域的人才，以適應新的國際競爭環境，這點日本產業界感受最深，尤其當日本泡沫經濟仍在威脅日本時，產業界對高等教育的改革有著極高的期待。

從現實主義的觀點觀察，經濟發展成就的高低除制度的良窳外，另決定於人力素質及先進技術能力的強弱，在競爭激烈的世界經濟體內，經濟競爭就是人力與科技的競爭，而人力與科技的競爭就是包括終身教育在內的教育競爭，一個仍維持封建的，強調「血統主義」或「學歷主義」至上的國家，將不可能獲得競爭的優勢條件。日本經濟審議會前瞻性地對日本未來的經濟發展保持保守預估，它認爲日本仍未有足夠高素質的人才，因應科技快速的發展，這對日本經濟發

展國力有害無益。

爲了因應社會發展的需要，日本在70年代進行了另一次的教育改革，1971 年由「中央教育審議會」發起，其目的在清除教育的盲點，修正不合時宜的教育政策，並以彈性、多元、開放、終身學習、追求卓越、建立世界級的研究機構、教學互動爲主軸，該會提出三個檢討項目[9]：(1)國家社會對學校教育之要求及教育機會均等。(2)因應發展階段及個人能力、適性之效果性教育。(3)教育經費的分配效果及正確的使用區分。

1975 年「中央教育審議會」再提出「關於今後學校教育綜合性擴充與整頓的基本措施」諮詢報告[10]。1984 年由內閣總理主導成立「教育改革臨時審議會」[11]，該審議會於 1985 至 1987 年所提交的四份研究報告中可歸納下述重要的教改方針[12]：(1)加強大學的基礎研究。(2)培養學生具有創造性及獨立思考研究的能力。(3)教育多元化、多選擇性。(4)建立資訊化的教育體系。(5)建立具有人文主義精神的科學教育。(6)建立終身學習的教育體系。

這次教改日本政府力圖徹底解決這個問題，並希望建構一個公平競爭的教育環境與垂直流動暢通的社會機制。新的教育理念是以更開放的態度，廣納各種領域的人才、開發人才，並再度移植先進國家學術菁英以爲己用及創造新的學術環境爲宗旨的制度性變革，以因應新世紀的需求。

日本高等教育的改革，實際上爲配合日本對國力的期望而持續發展，明治維新時期的教改，著眼於富國強兵，在急需提振國力的期待下，該時期的高等教育採取了「菁英主義」的模式，明治時代的政、法、科技菁英造就了一個強大的日本，在日俄戰爭日本獲得勝利的那一刻，日本教改的成就攀至頂峰。第二次世界大戰後日本爲了振興被摧毀的經濟體系，因此採取普羅化的教育政策，爲了平衡城鄉教育資源的差距，日本普設各類專門學校，加速培養人才。70 年代之後，日本認知在新世紀要想躋身強國之列，必須更活潑化高等教育的作爲，擴大培養一流的人才是因應新世紀來臨不可忽視的要項，因此日本進行一連串的卓越教改計畫，並認真執行，值得重視的是，日本高等教育改革一直未有停止。

經濟改革

戰後初期日本的國家能量大幅下降，青壯年國民人口數銳減，工業設施被毀，工業產值及農業產量均急速滑落，此外，戰場復原返鄉的兵員及海外回國的僑民，加重了物質貧乏的窘境，面對破碎國家，日本在美國的協助下重整經濟及開始一連串的國內復興計畫，爲了控制經濟的震盪幅度，日本政府以恢復生產力爲首要任務，因此，積極的開發基礎工業需要的原料，整頓金融，提供企業所需的資金。為了壓制通貨膨脹，由控制政府的財政支出、平衡預算等各種緊縮通貨膨脹的政策著手。

由於缺乏足夠的青壯年的人力，而戰前機器設備主要在支援軍需品的生產，非民生必需品，且工業都市的工廠及交通運輸線多被炸毀，導致經濟蕭條，糧食嚴重不足，通貨膨脹，以及失業率增加等。占領日本的美軍，宣示財閥解體、農地改革、扶持工會等幾項經濟民主化政策，以掃除日本經濟的軍事與封建色彩。接著再於 1947 年制定獨占禁止法，以利企業互相競爭增加產能。此外，通產省利用國內有限的經濟資源，發展重點工業作為復興經濟的手段，重點工業包括機器、鋼鐵、化學、紡織等。有關土地改革政策的推行，政府將非地主的農地，及地主所擁有但超過一公頃的非自耕地，由國家強制收購然後以適當的價錢賣給佃農。1946 年通過「工會法」、「勞動關係調整法」及 1947 年「勞動基準法」，有關勞動三法通過後，勞工的經濟地位逐漸提高。

此外，基於戰前日本產業界之財閥為日本發展軍國主義的重要推動力量及後援基地，以及大地主階級擁有佃農制度，易戕害民主的發展，盟軍總司令部決定釜底抽薪，徹底解除軍國主義復甦的後患，因此於 1945 年 11 月開始解散三井、三菱、住友、安田四大財閥總公司及其控股公司、准控股公司等共計八十三家，並於 1947 年 4 月制訂禁止壟斷法，防止日本大企業進行壟斷性的合併，同年 12 月制訂法律防止經濟過度集中，避免再次經由經濟實力蛻變爲軍事擴張行爲的事情發生。在土地改革方面，1945 年 12 月盟軍總司令部要求土地改革，並嚴格監督於 1946 實施的土地改革政策，土改內容爲：凡住在非土地所在地之地主所持有的全部耕地，除由地主持有佃耕地一町步，自耕兼出租者合計三町步以外的耕地，均需依法廉價賣給佃農。農民有了土地，也有了努力生產意願，提高了農產的收入，農民收入提高，消費增加，消費增加則擴大了資金的流動，對總體經濟的提升有相當的貢獻。

在資本及土地被壟斷的時代，農民因爲經濟狀況爲社會最底階層，其子弟不可能透過繼承或接受高等教育等經由社會階級的垂直流動而改變其社會地位，他們唯有的機會就是過繼嗣於名門之後或以戰爭立功，換取階級地位的提升。太平洋戰爭初期，聯合艦隊司令官山本五十六就是一個最佳的實例，山本五十六原姓高野，1884 年 4 月 4 日生於新潟縣長岡市，其父高野貞吉只是一個破落的士族，1916 年當山本繼嗣長岡名門山本家後，才改姓山本，1901 年 11 月，山本五十六進入江田島海軍學校後開始軍旅生涯，並因此而扶搖直上，最後被封爲元帥。基於想繼嗣於名門之後需要機運，須雙方願意非一方所能主控，因此，當社會最底層在一個保守、封建的國家中要改變其階級狀態，當軍人，作戰立功則成了最好的選擇。想以作戰立功改變其階級成分的人多到一定程度，軍隊的精神戰力必定強大，待國內、外環境都能吻合時，軍事侵略主義就容易在這個土壤內發芽。

當農民有了自己的土地，其代表的社會意義是：可以經由努力的工作，獲得社會價值，提升經濟地位及在社會結構中垂直流動；當一個國家可以提供國民這種流動機會時，這個國家也就相對地比較穩定。戰後日本被動的被切除資本及土地壟斷的社會現象，對其日後的經濟發展奠定了穩定的社會基礎，也提供了良好的社會環境。

由於 1950 年爆發的韓戰及 1951 年舊金山合約的簽署，給了日本一個絕佳重新走入國際社會的機會，日本被允許參與國際組織及國際貿易活動，此舉促使日本經濟從蕭條中復原並開始成長，國民生產總值增加，爲了擴大生產及突破舊型機器的產能限制，日本開始以新的機器設備替換舊型機器，並以鋼鐵、石化工業爲基礎，大步向前。由於設備更新，帶動生產成品的產能提高，產品價格因此相對減低，市場的占有率因而加大；產品生產的本質有了變化，此點更大程度的增加了日本外貿的競爭力，有了經濟收益，也有了再投資生產設備的動力及資源，因此戰後第二波的工廠設備調整開始進行。1960 年代中期日本經濟已有相當的強度，國內政局穩定，產品已進入國際市場，而國內也從廢墟中恢復了原貌。由於戰後實施政治、經濟民主化，解散戰前壟斷經濟發展軍事工業的財閥集團，提高企業競爭能力，強調工業技術革新，刺激生產，工人從屬企業的意識強烈，工廠、員工合爲一體，員工對公司的忠誠度提高。由於國民的高儲蓄率，及 60 年代後人口數量回增提供了廣大的消費市場等因素，1970 年以前，日本的經濟呈現高度的成長。

在幣值方面，爲了提供廠商能準確地預估原料及商品等價值，以維持穩定的經濟發展，1948 年起至 1971 年止日圓採取單一匯率制，保持一美元兌換三百六十日圓的匯率標準。如同前述，70 年代前日本經濟呈現高度成長，爲了因應外貿的需要，日本於 70 年代後開始採取浮動匯率，由於日本國民高儲蓄性傾向，其結果是提供了經濟發展所需的巨額資金，如果排除 1965 年短期的經濟不景氣外[13]，日本經濟持續上升的榮景一直維持到 1973 年第四次中東戰爭，原油產國大幅提高原油價格才停止。

1973 年第四次中東戰爭造成原油價格大漲，衝擊了各國的經濟，日本是一個依賴進口原油的國家，毫不例外的受到嚴重的影響，這次中東戰爭使當時正在加劇的國內通貨膨脹更形惡化，日本戰後經濟高速發展期因此結束，危機之後，日本經濟成長大幅下滑僅能維持 50 至 70 年代的一半。1973 年的石油危機促使日本重新檢討能源政策，開始發展可以節省能源的生產技術及工業設備，再通過這些設備的外銷，日本同時解決國內經濟困境及重新獲得外貿耀眼的成績；但遺憾的是 1973 年後日本的經濟成長速度再也未能恢復戰後二十年內的高度發展之水準。雖然如此，但相對於其它國家，日本在亞太地區仍扮演了重要的經濟角色，由於日本的經濟實力促使日本有強烈的企圖心在國際社會扮演除了經濟事務之外的重要角色，1975 年日本成爲七大主要工業國家之一，高峰會並分別於 1979 及 1986 在東京、2000 年在沖繩舉行。

舊金山合約的簽署，使日本在戰後能以一個新型態的國家再度進入國際社會，並重新獲得處理其外交事務的權力。與經濟復興同時進行的是日本積極地恢復它在國際社會中的地位，1956 年日本加入聯合國，有了聯合國會員的身分，在國際經濟與國際政治的舞台上日本表現活躍，1965 年日本與韓國建立了外交關係，1964 年東京舉行了奧林匹克運動會，1972 年美國歸還琉球給日本，及日本與中國外交關係正常化等均一再顯現日本走向國際的成就。日本人民與政府對國際事務已經重現信心。

同樣的，從 1960 年代中期開始，日本亦開始面臨國內新產生的一些問題，基於經濟發展到一定的程度，人民的需求將從經濟面轉換到其它領域，人民要求更好的生活，更多的參政權，要求改變社會不平等的現象，觀念、價值變得多元化，人民開始追求更多的個人目標及更強的自我意識；政府改善人民生活，提昇人民物質水平但同時也催化了人民全面性的欲望，這是經濟發展過程中政府必須面對的難題，日本在經濟全面起飛的年代尚可應付人民的需求，但在 90 年代隨著東亞國家興起及國際經濟競爭對手的增加，日本工業產品在市場上的地位受到擠壓，產品的市場占有率下降及利潤減低，公司虧損，銀行呆帳增加，人民消費能力降低，造成通貨緊縮，這些都影響國內經濟的發展，日本政府在新世紀面臨了新一波的挑戰。

國防安全及作為

面對中國的興起，爲了平衡亞太地區的勢力及維持美國在此一地區的主導地位，日本時而主動的進入，時而被動的被邀請介入亞太事務，日本藉各種不同的國際事件，企圖發展軍備；雖然憲法第九條明確的規定「永久放棄作爲一個主權國家發動戰爭的權力，及解決國際爭端使用威嚇與行使武力的權力」，「將永遠不擁有陸、海、空軍及其它可作爲戰爭的工具，也不承認國家有交戰的權力」，但第九條的約束，在新世紀的年代似乎減少了自發性的被尊重，社會上明顯的有一股潮流認爲戰後憲法是一部戰敗國被迫接受的屈辱約束，作爲主權國家不能沒有軍隊，不能沒有作戰的權力，此一論點隨著 21 世紀初伊拉克戰爭的爆發而有了大幅度的進展。引發日本大膽挑戰憲法第九條的正是當初律定第九條規範的美國，這可從美日安全保障條約觀其動脈。

一、安全保障條約

基於冷戰時代的來臨，美國國務卿杜勒斯與日本外相重光葵於 1955 年 8 月 31 日發表共同聲明：「雙方一致認爲日本必須在與美國不斷合作的基礎上，儘快承擔防衛日本國土的責任，並且對維護西太平洋國際和平與安全做出貢獻」，「雙方一致認爲在實現上述條件後，應簽訂合作性更強之新條約取代現有的安全保障條約」。1958 年 7 月 30 日美國與日本在討論修訂安全保障條約時提出了兩個方案：(1)在現行條約基礎上附加補充條文。(2)在不違背日本憲法的前提下重新制訂相互防衛條約。

1960 年 1 月 19 日，美日兩國簽署並於 1960 年 6 月 23 日生效的「美、日相互合作與安全保障條約」爲美日兩國的軍事合作奠定了基礎。按兩國的說法，該條約係「基於共同關注維護遠東地區的國際和平與安全，締結相互合作與安全保障條約」，其中第三條規定「締約國在遵守憲法的規定下，持續及有效的的自助與互相援助，獨自或彼此合作發展抵抗武裝攻擊的能力」[14]。第六條：「爲了有助於日本及維護遠東地區的和平與安全，美國陸、海、空軍可使用日本的設施與地域，上述設施與地域的使用以及駐日美軍的身分，將由另一個協定規範。而此一協定將取代美國與日本於 1952 年 3 月在東京簽署之『美日安全條約』第三款及相關修訂之行政協定」[15]。

按「美、日兩國相互合作與安全保障條約」第六條之規定，美日簽署了「駐日美軍地位協定」。1960 年 2 月 26 日日本政府就「遠東」的範圍做了解釋：「作爲一般用語的的『遠東』，在地理學上並沒有確切的固定範圍，日、美兩國依照條約，共同關心的是維護『遠東』地區的國際和平與安定，在這個意義上，兩國共同關心的『遠東』地區，是指駐日美軍利用日本設施與地域，防禦被武裝攻擊的地區之總稱，這一地區大約是菲律賓以北到日本及其周圍地域，包括了韓國與中華民國支配下的領域。以上是新安保條約的基本認識，但當這一地區受到武裝攻擊或者這一地區的安全由於周邊事件而受到威脅時，美國爲了因應此種局勢所涉及的範圍，由事件的實際性質所決定，並非局限於上述所稱的地域。當然，美國的行動也有其基本的限制，即美國的軍事行動通常只能行使聯合國憲章所承認的單獨或集團自衛權之範圍。」

1960 年 6 月 23 日生效的「關於設施與地域以及駐留日本美軍的地位協定」，依據 1997 年 2 月日本眾議院預算委員會中防衛設施廳提出的資料顯示美軍在此協定下，在日本的美軍基地最高峰時期爲 1952 年 4 月 28 日：二千八百二十四個（1353 平方公里），其餘時期分別爲 1955 年 3 月 31 日：六百五十八個（一千二百九十六平方公里），1960 年 3 月 31 日：二百四十一個（三百三十五平方公里），1970 年 3 月 31 日：一百二十四個（二百一十四平方公里），1980 年 3 月 31 日：一百一十三個（三百三十五平方公里），1990 年 3 月 31 日：一百零五個（三百二十五平方公里），1997 年 1 月 1 日：九十個（三百一十四平方公里）[16]。上述之基地多與日本自衛隊共用，最大基地面積爲東京都福生市的橫田空軍基地（駐日美軍司令部）及沖繩空軍基地。

1978 年 11 月 27 日日本國會通過「美日防衛合作指南」規定日本可以「按照防務政策在自衛的必要範圍內保持適當規模的防衛力量，並維持及確保最有效運用的狀態」「原則上，日本獨自排除有限的、小規模的入侵。日本如不能獨自排除時，等待美國的支援，排除侵略」，「自衛隊主要在日本領域及周邊領域進行防禦作戰」，「陸、海、空自衛隊與美國陸、海、空軍部隊共同實施日本防衛的陸、海、空地作戰」，「在日本領域以外的遠東發生對日本安全有嚴重影響之事態時，日本提供美軍支援應按安保條約及相關規定與日本的相關法令行事」。值得注意的是「美日防務合作指南」規定，日本對美國的支援應服從相關的日本法令。

1996 年 4 月 16 日至 18 日，美國總統柯林頓訪問日本，於 4 月 17 日發表「爲二十一世紀而結盟：美日安全聯合宣言」，宣言中強調美軍與日本自衛隊應加強合作，兩國應在安全議題上加強磋商。

1997 年 9 月 23 日，美日兩國於紐約在已有的基礎上簽署了新的「美、日防衛合作指南」。指南第一項「指南之目的」中，其「目的」被界定爲「平時或日本受到武裝攻擊以及有周邊事態發生時，建立有效及可信賴的堅實合作基礎，本指南就平時及緊急事態時美、日兩國的合作做出原則性的架構與政策方向」。有關該指南的第二項「基本前提與原則」中說明：「一、基於美、日安保條約與相關協定之權利與義務，美、日同盟關係之基本架構保持不變。二、日本所有之行爲必須在日本憲法的制約範圍內，並遵守軍事防衛及非核三原則等基本方針。三、美、日兩國所有行爲必須符合和平解決爭端及主權平等國際法基本原則，以聯合國憲章爲主的相關國際協定。」

在第三項「平時之合作」部分：「美、日兩國政府將堅定地堅持美日安保條約體制，努力維持各自所需要之防務體制，日本按照『國防計畫大綱』在自衛的必要範圍內保持防衛力量」。在第四項「因應對日本之武裝攻擊行動」部分：「對日本的武裝攻擊即將到來時，美、日兩國政府將採取措施抑制事態擴大，同時進行防衛日本之必要準備；當對日本的武裝攻擊已經發生時，美、日兩國政府將適當地共同對應，儘早排除已有之攻擊行爲」。此外，當對日本的武裝攻擊已經發生時，「日本作爲主體，應迅速因應，儘早排除已有的攻擊行爲，美國將對日本提供適當的支援。美、日合作的範圍將視武裝攻擊的規模、形態及事態不同而異，包括準備與實施合作性之共同作戰，進行抑制事態擴大之措施，監視與情報交換等」，「雙方有效地共同運用各自的陸海空部隊，自衛隊主要進行日本領土及周邊海、空域的防衛作戰，美軍支援自衛隊之作戰，及補充自衛隊的作戰能力。」

在第五項「日本周邊事態發生對日本之和平與安全有嚴重影響時的合作」中說明：「周邊事態不是地理概念，而係性質概念」，「因應周邊事態，將因事態之不同而採取不同措施」，當周邊事態可預知時，「兩國政府採取外交等手段抑制事態擴大，兩國政府適當地合作，按相互協議進行必要之準備」，有關日本對美軍活動的支援部分：「日本依美、日安保條約與相關協議，適時、適當地提供設施與領域，同時確保美軍能使用自衛隊之設施、民間機場、港口等」，「主要在日本領土內進行支援，但也可能在日本周圍的公海及其上空進行支援」，「進行支援時，日本將活用中央政府與地方政府的權限以及民間的能量」。

第六項「有效防務合作之美、日共同行動」中說明：「爲了有效推動美、日防務合作，兩國政府充分利用包括美、日安全保障協議委員會與美、日安全保障高級事務層次協議的各種時機，加強資料、情報的交換與政策協議」，「建立機制及和確立共同的基準與實施要領」，「這些基準將明確律定各個準備階段的部隊行動、情報、後勤支援等事項。」

1957 年 5 月 20 日日本內閣會議通過了「國防基本方針」，其方針的內容爲「支持聯合國行動，參與國際間協調」「確立必要的基礎安定民生，保障國家安全」、「在自衛之限度內，建設有效的防禦力量」、「對於外來侵略，在發生之前，以安保體制爲基礎進行對應」。「國防基本方針」的通過，顯示從 1945 年無條件投降後僅十二年的時間，日本已有建設「有效防禦力量」之企圖；實際上，有關防禦力量大小的評估，將視國家的自我定位而有不同，中立主義國家的防禦力量是象徵性的，歷史不斷地證明，不論東方或西方，執行軍國主義的國家都能以安全為理由，而使防禦力量無限的擴張。

1975 年美日舉行聯合軍事演習的談判進入議程，美國對該議案的解釋是為了保障日本及周邊地區的安全；但令人注意的是，日本並沒有以憲法的約束而予拒絕，此外，從亞太國家的角度檢視，有關「周邊地區」的安全為何需要日本協助美國來保障，「周邊事態」的界定在 1997 年之「美、日防衛合作指南」中強調係採取「性質概念」，「性質」是無法量化及清楚定義的，是客觀性極弱的名詞，相對的，一個模糊的定義有助於解釋者從中取利，按日本憲法之規定，日本非但不可以對外戰爭，更不可以擁有軍隊。1980 年代，美國不斷地鼓勵日本提升軍事能力，而且認為日本應該積極扮演維護區域安全之更重要的角色，基於此一前提，日本也趁此機會擴大了「自衛」的界線，從國土防衛到超過領海以外的防衛。日本巧妙的藉「美、日防衛合作」，作為擴大防衛政策的基點，日本不僅建立了可觀的軍事力量，同時主觀上也期望扮演更重要的區域強權角色。

二、區域強權角色

蘇聯瓦解，冷戰結束，俄國的軍事威脅已不存在，但由於中國的經濟能力大幅度的提升，軍事實力增強，美國在尋找新假想敵的目標中，將中國列入未來的作戰對象，美日防衛合作爲了因應新形勢，又開始進入了一個新的階段，1995年 1 月日本內閣總理村山富市訪問美國，並與美國總統共同發表了「全球共同合作議程」（Global Cooperation Common Agenda, GCCA）的聯合宣言，「全球共同合作議程」其目的在爲美國及日本建立一個共同合作處理全球事務的新架構。1995 年 2 月美國政府發表由奈伊（Joseph S. Nye, Jr）擬稿的「東亞戰略報告」（East Asia Strategy Report）[17]，在這份報告中，美國更進一步強調在西太平洋地區美日兩國軍事同盟的重要性。尤其美國政策上將減少在東亞地區駐軍，美國認爲日本在這個地區的重要性將因此而相對的提高。

1995 年 11 月 28 日日本公布了「國防計畫大綱」，此一大綱爲 1976 年 10 月 29 日公布之「防衛計畫大綱」的修訂版，在此大綱中，日本的軍事角色從「對有限的、小規模的攻擊進行防衛」轉換到日本對周邊事態所發生的事件「有效地執行防衛」。有關「國防計畫大綱」的制訂宗旨，有下列說明：「基於考慮除了防衛我國的主要任務外，對於自衛隊在大規模災害發生時之對應，以及不斷高漲的要求提供更安全的環境，另考量防衛能力，在此制訂新的防衛計畫大綱，做爲指導。」在國際形勢之解釋上，「大綱」說明：「隨著冷戰的終結，以壓倒性軍事力量爲背景的東西方之間軍事對立的結構已消除，發生世界性規模的武力衝突之可能性也已降低。另一方面，各種領土的問題依然存在，由宗教或民族問題引發的對立已被激化，複雜、多樣性的地域衝突也已發生」，「在我國周邊地區，包含核武器的大規模軍事勢力依然存在，許多國家以經濟發展爲理由卻致力於軍事力量的擴充與現代化。朝鮮半島繼續存在著緊張的局勢，此種狀況，將在我國周邊發生對我國安全有重大影響的事件」。

在「安全與防衛力量」一節中，有下列說明：「在日本國憲法之下，依靠外交努力與內政的安定確立安全保障之基礎，徹底實行專守防衛，遵守不對他國構成威脅的軍事大國之基本理念，堅持日、美安保體制，確保文人統制，遵守非核三原則，自主地建設適度的防衛力量」，「爲了提高日、美安保體制的功能，必須致力於：一、充實情報交換、政策協議等。二、建立有效的合作體制，包括共同演習、共同訓練及相關合作等。三、充實裝備。四、充實各種措施以保證駐日美軍能有效的駐留」，「在我國周邊發生對於我國和平與安全產生重要影響的事態時，依憲法及相關法令，適當地支持必要之聯合國行動，運用日美安保體制等措施以爲對應。」

在「防衛計畫大綱」對於國際形勢的解釋中，日本認爲「領土問題依然存在」及「許多國家以經濟發展爲理由卻致力於軍事力量的擴充與現代化」是重點；日本與俄國仍存在北方領土問題，雙方的爭執未曾停止，所謂有國家以經濟發展爲理由卻致力於軍事力量的擴充與現代化，是不指名的點名中國，如果日本遵守憲法第九條的規定，放棄武裝，不企圖再走軍事強國道路，又何需擔心中國的現代化及經濟發展，近代史上只有日本侵略中國，中國從未侵略過日本，擔心中國的現代化及軍事力量的擴充，成爲日本強化軍事強度的藉口。1996 年 4 月美日雙方又發表聯合宣言，表示爲了本地區的區域安全及確保美日在本地區的戰略利益，美日要加強安全及政治合作。爲了迴避日本憲法的約束，美日共同避免提到軍事合作的字樣，而以「加強安全合作」替代。

本次聯合宣言的重點在強調「美、日重申，美、日安全關係一如美、日安保條約所律定，奠基於確保亞太區域的穩定與繁榮」，「美國同意在本地區包括在日本國內，維持十萬軍事人員爲結構的軍力」，「雙方加強技術、裝備、情報、意見之交換以及防衛政策及軍事形勢的諮商」，值得注意的是，對於安全的關注日美兩國已從蘇聯轉換到中國與北韓，日本防衛廳年度國防白皮書特別指出，因爲中國的軍事現代化及軍事演習已造成安全的不確定性，日本已將中國的軍事實力及其意向，界定爲對日本利益有潛在性的長期威脅。此外「須從保護日本不受攻擊，擴大到美、日共同反擊

侵略及維持日本周邊環境及亞太地區的穩定」，「美、日的安全關係從單純的雙邊軍事防禦合作，進入到執行全球安全事務的夥伴關係」，「美、日合作會增加兩國在全球的影響力，在地緣戰略方面，美、日的安全關係也可被視爲在面臨中國擴張時，防衛性的海權勢力之擴大；過去日本在美國保護下僅扮演了一個消極被動的角色，今日應該進展成爲美國同等地位的夥伴，分擔更大的安全責任」。

從這個聯合宣言可以得知，日本在東亞地緣戰略上要擴大其海權勢力，而且日本也已將中國視爲日本利益的潛在威脅者，日本的國家目標非常明確的是再度以維持亞太地區的安全爲己任，這與日本當年所執行的「大東亞共榮圈」計畫，在精神上完全一致。

1951 年美日安保條約簽訂後，在政、經政策的建構上日本受美國的影響甚大，這種共生的關係，使日本必須在安全防衛上依賴美國，並聽從美國的指導，這種情況的出現是日本憲法第九條規定不能擁有軍隊的必然結果，日本必須亦步亦趨的跟隨美國。1970 年代，冷戰情勢險峻，美國沒有能力同時應付亞洲及歐洲同時出現的兩個戰爭，美國主動要求日本對亞洲地區負起更大的防務責任，美國此舉，日本亦有主觀上的配合意願，因此，日本通過與美國簽訂的「美、日防衛合作指南」以國土防衛及分擔美國戰時後勤支援爲理由，開始重新進入亞太地區的軍事領域，日本在本地區軍事歷史上的紀錄，造成亞太國家對日本未來動向的疑慮，他們有理由相信，日本在軍事上的重新出發，結合日本的經濟實力、工業基礎、科技條件及民族性等，日本很可能再度成為本地區不安全的因素，危害周邊國家。

每當有國家對日本發展軍備表示顧慮時，日本經常以軍事預算未超過法定國家總預算（GDP）之百分之一為辯解，這種辯解理直氣壯，但如考慮日本的國家總預算的額度，日本的辯解將受到質疑。僅以 1996 年年度預算為例可以概括得知日本軍費支出的情況，如表 11-1 所列。

從表 11-1 可以清楚地瞭解，日本的國防的支出幾乎與法國相當，與英國接近，但英國、法國為聯合常任理事國，法理上有權解決發生在世界上任何地區的衝突，尤其英國在國

表 11-1　1996 年美、英、法、德、日國防支出及占 GDP 比例

國家	國防支出 （單位：百萬美元）	國方支出占 GDP 之比例
美國	253,187	3.4%
英國	31,600	2.9%
法國	28,858	2.4%
德國	23,530	1.4%
日本	28,009	0.98%

註：以 1996 年幣值計算
1 美元＝0.678 英鎊＝6.57 法朗＝2.05 馬克＝173 日圓

際社會一直扮演軍事干預的角色，這些國家的國防支出也僅比日本多些而已，日本雖未超過國家總預算的百分之一，但在日本憲法第九條不能發展軍備的法律約束下，其實際之國防支出卻大於東亞地區絕大部分的國家。

政治行動上，日本的政治領導人從未放棄到供奉第二次世界大戰戰犯在內的靖國神社追思悼念，並且經常性地不斷擴大描述國家被威脅的可能；軍國主義的滅亡不是靠法律條文的規定就可以做到，意識形態的改變需要依賴人民的自覺，而非僅有法律條文上的約束。此外，美國忽略了日本在東亞地區的形象，日本從明治天皇時期開始學習、仿效歐洲的政治、軍事、經濟制度後已與亞洲愈離愈遠，尤其第二次世界大戰對東亞地區以軍事侵略所造成的傷害，在此區域是個無法揮去的陰影。美國強將日本納入軍事同盟，而日本又主動的積極配合，實際上，是將日本推離亞洲更遠；在亞洲國家憂慮日本會重新發展軍備東山再起時，爲了尋求安全保障，只得皈依一個有實力並能與其進行軍事抗衡的精神盟主，這個盟主就是被美國定位爲潛在敵人的中國。在日本憲法規定日本不可保有軍隊，放棄軍國主義及天皇素人化後，日本原可擁有一個確定的、和平的未來，但美國的聯日反中政策，卻給日本帶來孤立及不確定的未來。

三、對發展軍備的態度

日本是全世界第一個遭受原子彈攻擊的國家，廣島及長崎的例子應給日本深刻的警惕，日本於戰後的憲法中也明白的律定，放棄武力，謀求和平；但在核武問題上，日本卻顯得極度曖昧，正常的情形應該是不論在理性與感情上，日本都不能碰觸發展核武這個敏感的問題，但實際情形卻非如此，有關核武，1956 年的「原子能基本法案」將日本的核研究、開發和使用限制在和平目的上，日本政府爲了配合「原子能基本法案」的實施，不斷聲明恪守「核三不原則」，即禁止日本擁有核武器，禁止日本生產核武器，禁止日本引進任何核武器。1971 年 11 月 24 日，日本國會正式將核三不原則立法；1976 年，日本政府在非核三原則的政策下簽署了「禁止核武器擴散條約」，並再度承諾不研發、不使用、不允許在日本領土轉運核武器。但值得憂慮的是，雖然每年 8 月 6 日都會在廣島「平和紀念公園」盛大的舉行追悼及反核武大會，但隨著時間的過去，日本卻逐漸忘卻發動戰爭所帶來的災難；日本自由黨黨魁小澤一郎於 2002 年 4 月 6 日在福岡舉行的一次研討會上公開指出，日本可以在「一夜之間」製造數千枚核彈頭，以遏制中國的「過度膨脹」。此外，早在 1994 年 6 月，日本第八十代內閣總理羽田孜（1994 年 4 月 28 日-1994 年 6 月 30 日）在國會就曾驕傲的直言：「日本確實有能力擁有核武器」。

日本的工業基礎，及核能技術使日本的確具備了發展核武的能力，跨過核子門檻只是意念而非實力的問題。小澤一郎的發言引起各方的評論，基於壓力，日本政府內閣官房長官福田康夫於小澤一郎發表核武言論的第三天 4 月 8 日予以澄清，並表示「決定不擁有核武器是日本戰後一貫的政策，不會改變」，福田康夫的澄清，只是一種口號式的自然反應，「日本如果是專守防衛的話，也能擁有核武」是他於同年 6 月 1 日在記者會上內心真正的表白[18]。

日本發展軍備的傾向，確實已毫不避諱的浮出檯面，日本藉由 1996 年 3 月台海飛彈危機，主動的認為中共和美國如果在台海發生軍事衝突，美軍欠缺不足的地方，日本自衛隊有必要支援；如海上自衛隊的補給艦可提供美艦油料，航空自衛隊能提供相關的敵人情資，而陸上自衛隊則可負責將美軍傷兵後送至九州各駐屯地等事項，以及如果位於沖繩島的美軍基地及援美的沖繩自衛隊基地、駐屯地遭到攻擊時必須有所反應[19]。因此，日本在加強美日安保體制的理由下，重新界定防衛指針中所謂周邊有事的範圍，日本想以此事件踏入使用武力的灰色地帶。

1990 年海灣戰爭給日本政府一個日後用兵的機會，由於美國在此戰爭中需要盟國的支持，日本借力使力，公開的挑戰憲法的規定而於 1992 年通過「海外派兵法案」，1999 年藉由檢討科索沃戰爭而通過了「周邊事態法」，允許日本部隊可以在日本以外的地區與美軍合作處理亞洲區域的緊急情況，所謂日本以外的地區包括台灣海峽，也就是說，在「周邊有事」時可以出兵進行干預。

2001 年日本再藉由美國發動反恐戰爭出兵阿富汗的時機，通過「反恐怖特別措施法」並派艦隊前往印度洋，配合美國在阿富汗的軍事行動，這個舉動實際上已無限擴了大「周邊事態」的範圍。2002 年 1 月日本政府確定了「有事法制」的基本方針，規定「有事法制」的對象「非單指爲防衛而出動自衛隊，還包括對付大規模的恐怖活動和日本周邊出事的情況」[20]，此外，第八十七代內閣總理小泉純一郎在 2002 年 4 月 16 日夜的臨時閣員會議上，決定了有關遭受武力攻擊時如何對應的「有事法制」之關聯三法案，並在當月 17 日向國會提出；2003 年 5 月 15 日，日本眾議院召開全院會議，審議通過，6 月 6 日參議院在執政黨與民主、自由兩大在野政黨共同支持下，以出席議員二百三十五人中二百零二人贊成，三十二人反對，一人棄權[21]下表決通過「有事法制」三法，這一天起日本正式從「非戰憲法」中解套。2003 年美國以反恐及伊拉克擁有大規模殺傷性武器爲名攻打伊拉克，作爲美國在亞太地區盟友的日本積極配合美國在伊拉克的戰略部屬，7 月 26 日，通過了「支援伊拉克重建特別措施法案」，爲日本戰後向海外派兵提供了法律基礎。2004 年 1 月 19 日日本派陸上「自衛隊」進駐伊拉克，此外，當年 6 月 14 日參議院以一百六十三票對三十一票通過有事關連七法[22]。該法通過後，日本軍隊派兵對外作戰的法律除憲法第九條外其餘的法源已建構完成。

四、有事法制

有關「有事法制」一案可源於 1963 年自衛隊官員奉令撰寫「三矢作研究」開始，該研究涵蓋二大主題：(1)朝鮮半島發生武裝衝突時，美軍與日本自衛隊如何相互支援及進行聯合作戰。(2)日本國內進行戰時立法和確立戰時體制問題[23]。1977 年 8 月，防衛廳得到第六十七代內閣總理福田赳夫（1976 年 12 月 24 日-1978 年 12 月 7 日）的批准，在不以立法爲前提條件下開始進行有事法制研究。1981 年及 1984 年日政府相繼針對此事發表報告，但是基於「有事法制」與日本憲法規定牴觸，因此其進程緩慢，2001 年 9 月 11 日美國紐約世界貿易中心及華盛頓五角大廈受到恐怖分子攻擊，小泉純一郎總理以此爲由，強調必須要有一套應付緊急事態的法律，因此日本政府加速進行建構「有事法制」的工作[24]。

「有事法制」的三個相關法案包括一項新設法案和兩項

修正法案。新設法案爲「武力攻擊事態法案」，兩項修正案爲「自衛隊法修正案」及「安全保障會議設置法修正案」即安保會議成員增總務、經濟產業、國土交通三閣員法案。其重點爲：日本政府對發生武力攻擊或預測發生武力攻擊的行爲均界定爲「武力攻擊事態」；總理有權採取必要的措施，並在緊急情況下擁有代行權，國民有義務進行合作；如因部隊構築陣地，自衛隊可強制徵用私有土地、拆除民房等，對於拒絕或妨害徵用土地者可處二十萬日元以下罰款，並有權處罰違反物資保管命令者，對違反物資保管命令者可以處六個月以下監禁或三十萬日元以下罰款[25]。自衛隊員爲了保護自己和從事職責範圍內的工作可以使用武器；另外將總務、經濟產業、國土交通三閣員增列爲安保會議成員。從「有事法制」及三個相關法案的內容來看，其全國力量總動員的意思非常明顯。

日本政府在「有事法制」一案中，想要確立的是「國家緊急權」。明治憲法時期天皇擁有發布戒嚴令的權力，戰後爲了避免日本軍國主義重生，制憲者刻意去除這項權力，不論是對天皇或是對內閣總理，日本憲法均無此律定。「有事法制」的基本方針，實際上擴大了出兵的前提，「恐怖活動」的界定，界線模糊，「恐怖活動」的「威脅」也沒一定的標準，任何非軍事性的恐嚇、破壞、衝突都可以被認爲是恐怖活動，反恐怖活動的另外一面意義就是可以藉反恐來擴張軍備，藉反恐來擴大國家權力。與「有事法制」相關的三個法案，最值得注意的是所謂「預測發生武力攻擊的行爲」可界定爲「武力攻擊事態」、內閣總理發動戰爭的權力增大及自衛隊的權力增強等三項。「有事法制」及相關法律，大幅度增加了總理權限，另如規定總理可以對地方自治體長官發號施令，或取代地方行政長官直接進行作戰指揮等。法案中對民間人士的配合也做出了規定，甚至對拒絕配合者制定了嚴格的懲罰措施。「有事法制」相關法案比三年前通過的「周邊事態法」有了更多的突破，大幅地擴大了自衛隊軍事行動範圍。

必須強調的是，預測發生武力攻擊行爲的「預測」帶有強烈的主觀意識，任何主張軍國主義者，基於主觀上態度，都極易「預測」且認定周邊國家對自己有某種程度的威脅，會對自己發生武力攻擊行爲，即使沒有，軍國主義者都會製造這種威脅的影像。日俄戰爭、蘆溝橋事件、偷襲珍珠港等所有日本在第二次世界大戰及之前所發動的戰爭，都是如此，製造敵人、擴大敵人的威脅印象、塑造只有擴張軍備才能維護國家安全、只有先發制人才能徹底解決敵人威脅等意識，都是軍國主義或霸權主義者發動戰爭的常見理由。

內閣總理發動戰爭的權力增大，按「恐怖活動」、「預測發生武力攻擊的行為」所具有的模糊性特質，日本內閣總理可以在認為需要時自行決定派自衛隊赴海外採取軍事行動，一個缺乏對總理行使戰爭權力之制衡機制的日本，不就如同戰前軍部與天皇之間關係，天皇擁有至高無上的權力，無人制衡，天皇有主觀上的意願或不想制止，軍部就可以作為一個戰爭機器，在屠殺戰俘、平民上為所欲為。自衛隊如可以強制徵用私有土地、拆除民房，並有權處罰違反物資保管命令者，其權力擴大的結果，最後自衛隊就會有權力強制人民從軍，並處罰違反者。權力使人腐化，絕對的權力使人絕對的腐化，此一命題如果為真，而歷史已證明此一命題的真實性，則日本內閣總理首相、自衛隊權力擴張是戰爭的警訊，表示日本已經遺忘發動戰爭所帶來的災難，廣島的原爆紀念碑、原爆紀念物及平和運動等都只是吸引觀光客的節目，或是政府可以行使兩面手法的形象之物而已。

五、核武政策

2002 年 4 月 22 日，即內閣總理小泉純一郎參拜供奉有東條英機等十四個 A 級戰犯及一千餘名 B、C 級戰犯的靖國神社後的第二天，日本財政大臣竹中平藏就表示，日本應修改憲法，確保日本有權行使集體自衛權。2002 年 5 月 31 日小泉在漢城出席世界足球盃開幕典禮時曾表示「我的內閣並不會改變非核三原則」，「在技術上日本雖有能力擁有核武，但是並不會擁有，這件事的本身便有很大的意義，日本即使成爲經濟大國也不會成爲軍事大國」，小泉強調並不打算修改核武三原則，但是未來是否改變則將「由國民來判斷」，「由國民來判斷」一語爲日本非核政策的轉變保留了可能性。

民主最大的弔詭就在於「人民」與「代議制」之間的曖昧關係，理論上「代議制」是由人民選出議員代表人民行使政權，「代議制」的前提爲人民是理性的，議員是忠於人民依託、是客觀中立的；但由於人民的成分複雜，才智、經驗、判斷各有差異，對偏好的事物常感性多於理性，沒有充裕的時間與專職議員斡旋，而「代議制」下的議員卻常非社會菁英成員，並有一定程度追求個人利益或黨派、派閥利益的傾向，客觀中立與良知只是選舉時的口號，一旦議員或政客在主觀上想要操控某種議題時，由於人民對相關議題在專業上的疏離而極易被政客所左右，或者當專業人民團體的意見一旦與政客利益衝突時，人民的意見卻常被犧牲或拋棄，人民實際上只是代議制帽子下的工具而已。小泉「由國民來判斷」一語，是利用「代議制」與「人民」弔詭關係的典型，雖然法律有明確的規定但卻以民意爲理由來隱藏個人的政治傾向。

日本官房長官福田康夫在小泉之後於當年 6 月 1 日下午舉行的記者會中附和小泉的言論，並且明白的指出「關於擁有核武的事，如果專守防衛則能持有，不能持有本身沒道理，但是政治理論上作了並不持有的政策選擇」；「日本如果是專守防衛的話，也能擁有核武」才是福田康夫談話要表達的意思，有關「政治理論」之說只是陪襯，沒有任何政治理論會指明哪一國該或哪一國不該擁有核武，擁有核武與否是軍事、戰略、政治的現實問題，不是政治理論問題；此外，官房副長官安倍晉三也認爲「日本擁有核武並不違憲」等[26]，2002 年 5 月 13 日安倍晉三在早稻田大學一場非公開的演講會上也說過「日本擁有核武在憲法上沒有問題」，以及「如果是擁有小型核彈的話則沒有問題」。各種日本官方人員的談話顯示，日本未來極有改變核武政策的可能。

戰後爲防止軍國主義再生，雖然日本憲法規定國防開支不能突破國民生產總值的百分之一，但由於經濟實力，日本每年的國防開支可高達數百億美元，其國防預算支付發展軍備沒有問題。日本全國有四十九座核電站，年發電量約四萬兆瓦，從 2003 年開始日本便自己試行將核廢料再處理而提煉出核電原料的鈽，雖然應美國要求而將提煉出來的鈽的純度降低，而僅用於發電，無法製造核彈，並且也接受聯合國國際原子能總署（IAEA）監督，但是日本要擁有核武及參與戰爭，則愈來愈接近事實。

註釋

[1]參閱：児島襄，《人間宣言》（東京：小學館，1995）。

[2]有關憲法事宜參閱：芦部信喜，《憲法》（東京：岩波書店，2002）。伊藤真，《憲法》（東京：弘文堂，1999）。松井茂記，《日本国憲法》（東京：有斐閣，2002）。

[3]第九條日文原文：(1)日本国民は、正義と秩序を基調とする国際平和を誠実に希求し、国権の発動たる戦争と、武力による威嚇叉は武力の行使は、国際紛争を解決する手段としては、永久にこれを放棄する。(2)前項の目的を達するため、陸海空軍その他の戦力は、これを保持しない。国の交戦権は、これを認めない。英文原文：(1)Aspiring sincerely to an international peace based on justice and order, the Japanese people forever renounce war as a sovereign right of the nation and the threat or use of force as means of settling international disputes.(2)In order to accomplish the aim of the preceding paragraph, land, sea, and air forces, as well as other war potential, will never be maintained. The right of belligerency of the state will not be recognized.

[4]昭和 50 年（1975 年）大專生已高達六十一萬人，大學錄取率提昇為百分之三十八點四。

[5] Mattin Trow 係最早以學術論文方式談論大學教育普羅化的學者。Trow 於 1973 年 OECD 召開的高等教育國際會議上提出〈由菁英到大眾化高等教育的移轉問題〉論文中認為同年齡層的高等教育就學率超過百分之十五時，即達所謂的大眾化（massification，或「穴旦祭」)，再超過百分之五時即為普及化（universal）。Trow 認為任何一個國家，其高等教育階段，均有菁英化、大眾化、普及化三個階段。此外，1970 年代 OECD 在報告書〈日本的教育政策〉中曾明言「日本高等教育制度有明顯階級化的現象」。參閱天野郁夫，《高等教育的大眾化與結構變動》，前揭書，頁 23、27。

[6] 李榮安，〈日本的發展與教育〉，《外國教育資料》，6 期，總 142 期（26 卷），1997，上海：華東師範大學，頁 18。

[7]天野郁夫，《高等教育的大眾化與結構變動》，前揭書，頁 27。

[8] 以平成九年教育經費而言，國公立大學及短期大學共編列 2,051,061（單位：日幣百萬圓），占教育經費總數之百分之九十三點六二。

[9] 清水俊彥，《教育審議會之總合研究》（多賀出版，1989），頁

76。

[10]陳永明，〈日本面向廿一世紀教改的三大趨勢〉，《外國教育資料》，4 期，總 146 期（27 卷），上海，華東師範大學，1998，頁 1。

[11]「教育改革臨時審議會」後來更名為「國家審議會」。

[12]清水俊彥，《教育審議會之總合研究》，前揭書，頁 169-172；李榮安，〈日本的教育與發展〉，《外國教育資料》，6 期，總 142 期（26 卷），上海，華東師範大學，1997，頁 18。

[13]1965 年為昭和 40 年，故稱為 40 年不景氣，為時僅一年。

[14] The Parties, individually and in cooperation with each other, by means of continuous and effective self-help and mutual aid will maintain and develop, subject to their constitutional provisions, their capacities to resist armed attack.

[15] "For the purpose of contributing to the security of Japan and the maintenance of international peace and security in the Far East, the United States of America is granted the use by its land, air and naval forces of facilities and areas in Japan. The use of these facilities and areas as well as the status of United States armed forces in Japan shall be governed by a separate agreement, replacing the Administrative Agreement under Article III of the Security Treaty between Japan and the United States of America, signed at Tokyo on February 28, 1952, as amended, and by such other arrangements as may be agreed upon......."

[16] 趙京，譯自 1997 年 2 月日本眾議院預算委員會上防衛設施廳提出的資料，1998 年 5 月 25 日。

[17]有關「東亞戰略報告」其目的，參閱 News Releases/Reference Number: No. 092-95/United States Department of Defense/February 27, 1995.

[18]《中國時報》，2002 年 2 月 6 日。

[19]《中時晚報》，1997 年 7 月 27 日。

[20]參閱：水島朝穗，《世界の「有事法制」を診る》（京都：法律文化社，2003）。社會批評社編集部（編），《最新有事法制情報；新ガイドライン立法と有事立法》（東京：社會批評社，1998）。

[21]有事法制 3 法が成立，戦後初、「戦時體制」を整備，《朝日新聞》，2003 年 6 月 7 日。

[22]《聯合報》，2004年6月15日。

[23]日本「有事法制」的來龍去脈，《中國時報》，2003年6月6日。

[24]參閱：山內敏弘（編），《有事法制を検証する:「9・11以後」を平和憲法の視座から問い直す》（京都：法律文化社，2002）。

[25]〈「有事法制」啟動日本軍事潛力自衛隊可出兵作戰〉，《中國青年報》，2002年4月9日。

[26]《中國時報》，2002年6月2日。

第12章

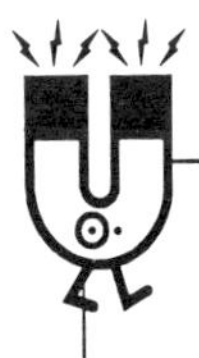

戰爭的責任

- 靖國神社參拜
- 戰爭的推手
- 「天皇機關說」與「天皇主權說」之爭辯
- 「皇道派」與「統治派」的路線鬥爭
- 「二二六」事件

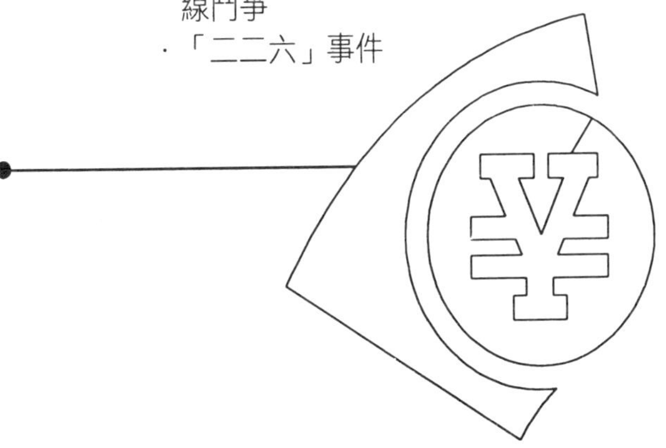

靖國神社參拜

就以參拜供奉有第二次世界大戰戰犯的靖國神社爲例，1945 年日本戰敗後，治理日本的盟軍總部發布禁止政教合一的政令，使靖國神社脫離了與國家的關係，成爲一個獨立的私營法人宗教團體。靖國神社供奉的「烈士」包括明治維新（爲維新而死）七千七百五十一人，西南戰爭六千九百七十一人，日清戰爭（甲午戰爭）一萬三千六百一十九人，台灣征討一千一百三十人，北清事變（義和團事件）一千二百五十六人，日俄戰爭八萬八千四百二十九人，第一次世界大戰四千八百五十人，濟南事件一百八十五人，滿洲事變（九一八事件）一萬七千一百七十五人，支那事變（中日戰爭）十九萬一千二百一十八人，大東亞戰爭（太平洋戰爭）二百一十三萬三千七百七十八人[1]。這裡包括第二次世界大戰後被遠東軍事法庭判刑確定的十四個 A 級戰犯東條英機、板垣征四郎、土肥原賢二、松井石根、木村兵太郎、武藤章、廣田弘毅、梅津美治郎、百鳥敏夫、東鄉茂德、小磯國昭、平沼騏一郎、松岡洋右及永野修身，另有一千多名 B、C 級戰犯[2]。靖國神社在日本社會有著強烈的符號性作用，從早期的招魂社開始，它在日本歷史上代表的形象等同「武力」，靖國神社裡絕大多數的「烈士」是日本軍國主義向外侵略所產生的結果，它對受日本侵略的國家而言，是無法彌補傷痛的來源。戰後日本各代總理卻絡繹不絕的到靖國神社參拜，從內閣總理參拜的頻繁度，可以約略衡量日本對戰爭反省的程度。1946 年至 1954 年吉田茂參拜五次。1957 年至到 1959 年岸信介參拜二次。1960 年至 1963 年池田勇人參拜五次。1964 年至 1972 年佐田榮作參拜十一次。1972 年至 1974 年田中角榮參拜六次。1974 年至 1976 年三木武夫參拜三次。1976 年至 1978 年福田赳夫參拜四次。1978 年至 1980 年大平正芳參過三次。1980 年至 1982 年鈴木善幸參拜八次。1982 年至 1987 年中曾根康弘參拜十次。1996 年至 1998 年橋本龍太郎參拜一次。2001 年至 2004 年小泉純一郎參拜四次。戰後，靖國神社既已被降格爲東京都知事認可的宗教法人而已，它的地位應與日本一般神社完全相同，而內閣總理堅持參拜等同「武力」形象的靖國神社，不論強調是以何種身分，其參拜的行動都有待商榷，總理的頭銜有代表性的意義，他不同於一般人民，總理參拜時旁邊跟隨許多內閣成員，制定國家政策的官員態度如此，對國民有其一定程度的示範作用。

戰爭的推手

戰後遠東國際法庭，並未對昭和天皇進行任何精神及實質審判，昭和天皇對發動侵略戰爭要不要負責，歷史可以解答；裕仁於 1928 年 11 月 10 日正式登基後，實際上已完全繼承了明治憲法中所揭示「國體意識」的資產，所謂國體意識即天皇的權力與地位神聖不可侵犯，天皇是神的後裔，是神在人間的代言人。此外依據明治憲法的條文，昭和天皇具有任免內閣總理及各大臣的權力，擁有軍事統帥權，海陸軍最高將領直接對天皇負責，政府及帝國議會不得過問。

早在未登基前，裕仁為了建立自己的班底及削弱長州藩在軍隊中長期獨大的勢力，因此利用 1921 年 3 月至 9 月訪歐時機特別拉攏、收編外派在歐洲的武官或受訓的年輕軍官，作為其未來掌握軍權的骨幹[3]。1921 年 3 月裕仁以皇太子的身分訪問歐洲，停駐法國時，東久邇宮安排日本駐歐武官和觀察員前來晉謁，裕仁為這批少壯軍官舉行了宴會並垂詢其工作，裕仁對他們未來建立強大的日本寄予甚高的期望，這一批青年武官也表現了對裕仁的忠誠。

一、「巴登巴登」集團

1921 年 10 月 27 日四個被皇太子裕仁在法國召見過的日

本青年軍官，包括日後被稱爲「三羽烏」的巡迴武官永田鐵山，駐莫斯科武官小敏四郎、巡迴武官岡村寧次及駐瑞士武官東條英機在德國萊茵河上游的溫泉城市「巴登巴登」聚會，在此聚會中，這四位軍銜僅爲少佐的軍官們，議論日本未來的發展、改造之步驟與途徑，他們對軍部中行伍出身的高階將領不滿，並討論了日本陸軍的革新問題。由當時參與人員岡村寧次的日記中所披露，其會議主要結論有四項：消滅派閥、人事革新、軍制革新、建立國家總動員體制：其內容包括：必須打破日本陸軍自明治以來，由山縣有朋建立的長州派閥長期壟斷軍隊人事的局面，消滅長州派系，扭轉軍政、軍民疏遠的關係，他們也認知到如要在陸軍晉升，必須要建構自己的派閥，要改造日本，不能依賴他人只有靠自己。永田鐵山、小敏四郎、岡村寧次、東條英機等「巴登巴登集團」核心分子，通過在歐洲的體驗、觀摩、考察，已經意識到戰爭正在質變，總體戰力才是戰爭能否勝利的決定因素，建立總體戰力的前提則須建立全國總動員體制，而要順利實現這種體制，就要加強軍隊與政府、軍隊與國民之間的關係。爲了累積實力，除了在巴登巴登集會的這四人之外，他們從駐外武官中再選七人，包括駐柏林武官梅津美治郎，駐巴黎武官中島今朝吾，駐科隆武官下村定，駐哥本哈根武官中村小太郎，駐瑞士副武官山下奉文（1927 年任駐奧地利武官），駐北京武官松井石根，及磯谷廉介。組織了以十一人爲核心的「巴登巴登集團」，這十一人日後都成爲日本軍部的骨幹，是昭和天皇對外侵略的重要核心分子。

大正天皇病重，裕仁自 1921 年 11 月起開始攝政，他集結一批以「巴登巴登集團」爲基幹之思想堅定、忠於自己的年輕軍人於皇宮內的宮廷氣象台接受大川周明等國家主義分子的授課。這批「大學寮」的學生，日後均出任昭和天皇時期軍隊的重要職位，由於得到昭和天皇的信任與支持，他們堅定不移的效忠天皇，「巴登巴登集團」及「大學寮」這一批人後來在軍隊中組織「一夕會」與「二葉會」擴大派閥基礎。

二、派閥勢力

爲了消除長州藩在陸軍中的勢力，1922 年 11 月當長州藩精神領袖山縣有朋去世後，裕仁開始拔擢效忠自己的非長州系統以及留歐的陸軍青年軍官，取代控制陸軍大權已久擁有長州藩背景的軍人，裕仁攝政時期，已開始有計畫的培植自己在軍隊的班底，除了上述「大學寮」集中訓練新一代青年軍官外，裕仁另一個重要的決策是於 1924 年 1 月 7 日安排長州藩出身但立場卻較中立的宇垣一成任清浦奎吾內閣（第二十三代內閣總理）的陸軍大臣，爲了避免長州藩反彈，宇垣一成的出線是裕仁削弱長州藩的過渡步驟，此後一系列的削權計畫陸續開展。

山縣有朋在明治天皇時期是一個關鍵性的人物，1889 年（明治 22 年）12 月 24 日至 1891 年 5 月 6 日任第三代內閣總理，1898 年 11 月 8 日至 1900 年 10 月 19 日出任第九代內閣總理。1838 年（天保 9 年）6 月 14 日山縣有朋出生於長州藩閥重要的基地山口縣萩市（長門國萩城下川島庄），山縣有稔（父）松子（母）之長子，1863 年（文久 3 年） 12 月參加奇兵隊，1864（元治元年） 參與第二次長州征伐、戊辰戰爭，任職北陸鎮撫總督參謀兼會津征討總督參謀，1869 年赴歐美考察兵制，1870 年 8 月返國，1871 年任兵部大輔，同年晉升陸軍中將任近衛都督，1873（明治 6 年）年任陸軍卿，1882 年任參事院議長。日本官制改行內閣制後，山縣有朋出任第一次伊藤博文內閣（第一代內閣總理）的內務大臣（1885 年 12 月 22 日至 1888 年 4 月 30 日）及農商務大臣（1886 年 7 月 10 日至 1887 年 6 月 24 日），第二次伊藤博文內閣（第五代內閣總理）之司法大臣（1892 年 8 月 8 日至 1893 年 3 月 16 日）與陸軍大臣（1895 年 3 月 7 日至 1896 年 9 月 18 日）；黑田清隆內閣（第二代內閣總理）之內務大臣（1888 年 4 月 30 日至 1888 年 12 月 3 日及 1889 年 10 月 3 日至 1889 年 12 月 24 日）；1895 年受封侯爵，1898 年晉升元帥，任第九代內閣總理時兼任樞密院議長，1907 年受封公爵，1922 年（大正 11 年）去世，年 85 歲。山縣有朋是長州藩閥實質及精神領袖，生前主掌陸軍的政策、人事無人能與比擬。

長州藩在陸軍勢力最強盛時期，係從 1894 年日清戰爭後到日俄戰爭前後這段時間，當時日本軍政界屬於長州藩派閥的有：山縣有朋、桂太郎、兒玉源太郎、寺內正毅、長谷川好道、乃木希典、岡澤精、佐久間左馬太、山口素臣、有坂成章、長岡外史、大井成元、石本新六（準長州派）等人。屬於長州藩之敵對勢力薩摩藩派閥的則有：大山巖、野津道貫、黑木爲楨、西寬二郎、川村景明、上原勇作、大迫尙敏、鮫島重雄、大迫尙道、伊瀨知好成、伊地知幸介等人。

明治天皇時代結束前，由於陸軍士校畢業生的興起，這批有陸軍士校背景的軍人成立了自己的派系。此時派閥勢力做了部分的重整，屬於長州藩派閥的有：桂太郎、寺內正毅、長谷川好道、佐久間左馬太、有坂成章、中村雄次郎（準長州派）、長岡外史、大井成元、田中義一、宇佐川一正、大庭二郎、山田隆一、岡市之助 （準長州派）等人。屬於薩摩藩派閥的有：大山巖、川村景明、上原勇作、大迫尙道、伊地知幸介、町田經宇等人。屬於陸軍校派閥的有：井口省吾、松川敏胤、井上幾太郎、鈴木莊六、宇垣一成、尾

野實信、河合操、福田雅太郎、菊地慎之介、白川義則、武藤信義、東條英教等人。

大政天皇時代至第一次世界大戰之間，軍隊派閥再度重整，屬於長州藩派閥的有：寺內正毅、長谷川好道、佐久間左馬太、有坂成章、長岡外史、大井成元、田中義一、宇佐川一正、大庭二郎、井上幾太郎、山田隆一、岡市之助（準長州派）等人。屬於薩摩藩派閥的有：上原勇作、川村景明、大迫尙道、伊地知幸介、町田經宇，等。屬於陸軍校派閥的有：井口省吾、松川敏胤、鈴木莊六、宇垣一成、尾野實信、河合操、福田雅太郎、菊地慎之介、白川義則、武藤信義、田中國重等人。

山縣有朋死後，長州派閥式微，田中義一接手原長州藩勢力，建立田中派閥，上原勇作接收薩摩藩勢力，建立了上原派閥。陸軍校派閥的勢力這一時期陸續被原長州藩及薩摩藩派閥吸收，大正 11 年東條英機擔任陸軍大學教官，發起阻止長州人進入陸大運動，此時「一夕會」、「二葉會」組織開始出現，形成新的陸軍派閥。因此，大正天皇後期到昭和天皇初期，屬於田中派閥的有：田中義一、大庭二郎、井上幾太郎、宇垣一成（準長州派）、金谷範三（準長州派）、河合操（準長州派）、山梨半造（準長州派）、鈴木莊六（準長州派）、白川義則（準長州派）等人。上原派閥有：

上原勇作、町田經宇、田中國重、武藤信義（準薩摩派）、福田雅太郎（準薩摩派）、尾野實信（準薩摩派）等人。「一夕會」、「二葉會」派閥則包括：永田鐵山、小畑敏四郎、岡村寧次、東條英機、河本大作、山岡重厚、土肥原賢二、板垣征四郎、小笠原數夫、磯谷廉介、渡久雄、工藤義男、松村正員等代表性人物。

按照軍事派閥的發展，實際上當昭和天皇上任時，日本陸軍青年軍官所形成的派閥勢力已被昭和掌握，尤其是重要的「一夕會」、「二葉會」成員多爲曾派駐國外的武官及「大學寮」出身的年輕軍官，是一個堅定效忠天皇的軍事集團。「二葉會」以陸軍士校第十五、十六、十七期畢業生爲主，第十五期：河本大作、小川常三郎、山岡重厚。第十六期：永田鐵山、岡村寧次、板垣征四郎、小畑敏四郎、土肥原賢二、小笠原數夫、磯谷廉介。第十七期；東條英機、渡久雄、工藤義雄、松村正員。「一夕會」成員則多爲陸軍士校第十八期至第二十五期成員，他們包括第十八期：山下奉文、岡部直三郎。第二十一期：石原莞爾。第二十二期：村上啓作、鈴木貞一、鈴木率道、牟田口廉也。第二十三期：岡田資。第二十四期：土橋勇逸。第二十五期：武藤章、田中新一、富永恭次。

從日本建立現代化軍隊起至 1945 年（昭和 20 年）止，

表 12-1 從日本建立現代化軍隊起至 1945 年長州藩及薩摩藩出身的大將總數

	武士出身	士官學校出身	士官候補生出身	合計
長州藩	11 名	3 名	5 名	19 名
薩摩藩	9 名	2 名	4 名	15 名
合計	20 名	5 名	9 名	34 名
大將總數	33 名	26 名	66 名	125 名
比率	60.6%	19.2%	13.6%	27.2%
註：此一階段皇族有九員晉升大將。				

計算長州藩及薩摩藩出身的大將總數，可以瞭解該派閥在軍隊勢力的大小（見表 12-1）。

昭和天皇在削減長州藩勢力的過程中，以精簡員額爲由，將長州藩勢力操控的陸軍第十三、第十五、第十七、第十八軍團裁撤，其它軍團中屬長州藩派閥的指揮官，多人被更替，因此不論是基於理念上反對行伍出身之將領落伍的領導方式，或現實上爲了增加升遷機會，昭和此舉均受到軍校畢業之下級軍官積極且堅定的支持。削藩的結果，陸軍中雖仍有部分原長州藩派閥人員留任，但長州藩的勢力已告瓦解，對天皇已不具任何威脅，至此，昭和天皇大權在握可以隨心所欲的指揮軍隊，其擁有的軍事權力與明治天皇統治時期完全一樣，與明治天皇不同的是，早在登基之前的裕仁就已擁有真正的天下，而明治則是自登基後方逐步統一。此外，昭和天皇之嫡係「一夕會」、「二葉會」的成員因昭和削藩而受惠，最後多能位居高位，在中日戰爭及太平洋戰爭時期擔當要職，成爲昭和天皇手中推動軍國主義的王牌。

三、陸軍校級軍官與戰爭

1926年12月25日凌晨1時25分大正天皇去世，昭和天皇繼位，繼位後第二年4月20日任命田中義一組閣，1928年11月10日昭和天皇於京都御所正式舉行第一百二十四代皇位登基大典。昭和第一次正式任命的內閣總理就是日本軍國主義的狂熱分子，積極主張侵華者，田中義一上任後自兼外務大臣、拓務大臣，並任命田中派閥人員白川義則爲陸軍大臣，1930年5月4日田中義一在內閣中另兼拓務大臣一職。1931年9月18日發生「九一八」事件，日本以此爲藉口派兵進入中國東北，9月21日日本駐朝鮮軍司令官林銑十郎派兵渡過鴨綠江支援關東軍。1932年1月8日日軍占領錦州，此時昭和天皇公開嘉許關東軍司令官本庄繁及其部隊的英勇[4]。本庄繁於1933年被天皇任命爲貼身之侍從武官長；林銑十郎則於1934年1月23日被拔擢升任齋藤實內閣（接替荒木貞夫）及其後岡田啓介內閣的陸軍大臣，更於中日戰爭爆發前五個月即1937年2月2日擔任內閣總理兼外務大臣兼文部大臣，掌控重要的國家機器。如果昭和是一個愛好和

平，沒有擴張領土或侵略野心的天皇，發動「九一八」事件的關東軍司令官及馳援的朝鮮軍司令官，應該撤職而不是拔擢高昇。

值得注意的是「巴登巴登」集團及「大學寮」成員在「九一八」事件中所扮演的角色及代表的意議。「九一八」事件前後這一批人在軍隊的職務都僅爲課長及課員階層，在陸軍省服務的有永田鐵山（軍事課長）、村上啓作（軍事課課員）、鈴木貞一（軍事課課員）、土橋勇逸（軍事課課員）、岡村寧次（補任課長）、松村正員（徵募課長）。在參謀本部服務的有東條英機（第一課長）、鈴木率道（第二課員）、武藤章（第二課員）及渡久雄（第五課長）。在教育總監部服務的有磯谷廉介（第二課長）。

「九一八」事件中關東軍的主要關鍵人物：板垣征四郎（關東軍高級參謀）、石原莞爾（關東軍主任作戰參謀）、土肥原賢二（奉天機關特務長），當時也僅是大佐、中佐等校級軍官，都僅擔任部隊參謀職務而非指揮官。板垣是日軍中著名的「支那通」，1929 年他以大佐官階擔任關東軍高級參謀，板垣的地緣戰略觀點是「對俄作戰，滿蒙是主要戰場，對美作戰，滿蒙是補給的大本營」「滿蒙對日本的重要性不容忽視」，「九一八」事件後的 10 月 5 日板垣升任關東軍第二課長；石原莞爾於 1928 年 10 月由陸軍大學教官調任關東軍作戰參謀，其於任職作戰參謀期間完成「國家前途轉折的根本國策——滿蒙問題解決案」的重要報告，並將其上奏天皇。土肥原賢二於 1931 年 8 月 18 日由天津特務機關長調任為奉天特務機關長，「九一八」事件第三天，出任奉天市長。板垣征四郎、土肥原賢二、石原莞爾三人在人格上都具有大膽、敢冒險、有主見等特質，是日本國家主義的忠實執行者，他們具有了少壯軍閥的一切特點。

「九一八」事件發生當時，「巴登巴登」集團的核心「三羽烏」之一永田鐵山任職日本陸軍省軍事課長，1930 年 11 月，他以陸軍省軍事課長身分到東北與板垣面商東北問題，板垣在會面時強調武力解決的必要及時機。1931 年 9 月關東軍準備炸毀鐵路及開始軍事行動的秘密計畫送到了東京大本營，9 月 15 日軍部召開陸軍大臣、參謀總長、教育總監為主的三長官會議，會中決議形勢尚未成熟，不宜立即開戰，因此決定派作戰部長建川美次郎少將赴中國東北傳達此一命令，同時以電報通知關東軍有關此事的政策決定。

當時與此事有關的電報一共發了三封，第一封是作戰部長建川美次郎發給關東軍司令本庄繁的電函，告知將於「9 月 18 日晚 7 點 5 分乘火車到達奉天」；第二封是參謀本部中國課課長發給板垣征四郎的電函，告之建川美次郎的行程及目的「其任務係阻止事變」；第三封則是參謀本部俄國課課長橋本欣五郎發給石原莞爾的密電，電報上蓋有「絕，私電」戳記，電文簡明扼要「事機已露，請在建川美次郎到達前行動」，駐防旅順的關東軍司令部 9 月 16 日收到這三封電報。司令官本庄繁當天在瀋陽視察，板垣坐火車去晉見本庄繁，石原留下來草擬給軍隊的作戰命令。特使建川美次郎在路上有意拖延到達的時間，好讓關東軍在命令送達前動手。1931 年 9 月 18 日夜 10 時 20 分，關東軍以中國士兵炸毀柳條湖鐵路爲藉口，向東北軍北大營開火，日軍在板垣征四郎的安排下展開行動[5]。作戰開始後，板垣以關東軍司令官的名義以電報下達命令，要求日軍駐朝鮮司令官林銑十郎派遣部隊增援，林銑十郎令步兵第三十九旅團於 9 月 21 日下午渡過鴨綠江，進入中國東北支援作戰。

在階級嚴謹著稱的日本軍隊，以校級軍官及參謀位階可以發動「九一八」事件，可以調動中將官階統領的駐朝鮮部隊，雖令人意外但有跡可尋，包括 1928 年 6 月 24 日上午 5 時 20 分在瀋陽車站北側約一公里與南滿鐵路交叉點之皇姑屯炸死張作霖之「皇姑屯事件」主策劃人河本大作，及板垣征四郎、石原莞爾、土肥原賢二等都是「巴登巴登集團」及「大學寮」的成員，他們有一個共同點，即都是昭和天皇親自栽培的青年軍官，受到天皇堅定的支持。

「九一八」事件當時之內閣總理若規禮次郎在《古風庵

回憶錄》中有一斷敘述：「內閣制定了關於不擴大事態的方針，並要求陸軍大臣南次郎將此方針下達給滿洲軍，但滿洲軍卻仍不停止前進。軍部給內閣的只是要求辦理追認手續，批准經費」。有關若規禮次郎的敘述，也就是說，內閣會議並未同意板垣征四郎大佐、石原莞爾中佐等校級軍官在時機未成熟前發動「九一八」事件，但卻無法阻止，在被日本軍人視爲典範的「軍人敕諭」中有明確的規定「爲部下者，其長官所命，縱有不合情理之處，亦不可有失恭敬奉戴之節」，但在陸軍大臣、參謀總長、教育總監參與的三長官會議之決議，校級軍官敢膽大地公開違令，如果不是天皇視其爲核心幹部，又何能如此大膽。

「天皇機關說」與「天皇主權說」之爭辯

此外，在 1935 年政府高層「天皇機關說」與「天皇主權說」兩派人馬鬥爭時，昭和天皇在消滅「天皇機關說」強化「天皇主權說」一役上，也扮演了關鍵性之推手角色。「機關說」、「主權說」兩派公開、正式走上檯面的爭執起於 1935 年 2 月 18 日菊池武夫在上議院對美濃部達吉的攻擊，美濃部達吉的觀點認爲日本應是君主立憲國家，其政體爲天皇與帝國議會共治之體制，天皇及帝國議會都是國家之下的部分，軍部當然亦應受議會的監督，不能獨斷獨行或擁有直接上奏權。美濃部達吉爲憲法學者，其主張在當時的日本，受到部分元老級政治菁英支持，最有名的支持者就是曾做過兩任明治時代內閣總理，在日本極受尊重並擁有向天皇推薦內閣總理之權的西元寺公望[6]。如果按照美濃部達吉君主立憲的觀點，昭和天皇的地位將在「國家」之下，日本軍部的行爲及政策須受帝國議會的監督，這點如以當時「明治憲法」的條文檢視，是不符合律定的，明治憲法中天皇的地位等同於國家，其精神價值更高過於國家，天皇是「現人神」。

作爲上議院議員、憲法學者及東京帝國大學法學教授的美濃部達吉，實際上是日本帝國的利益享受者，他不可能不知道明治憲法中對於天皇地位、權力的規定，他之所以提出「機關」的說法，是想藉「機關」之界定，削弱軍部對政治領域事務的干預，阻斷軍部逐漸擴及全國的勢力，在政治版圖上，作爲上議院議員美濃部達吉有其一定的地位，軍部想瓜分政治利益，沒有軍權的美濃部達吉只能透過「天皇機關說」之理論，與其對抗。

「天皇主權說」的支持者，則以軍部人員爲主，爲了消滅「天皇機關說」，在軍部主導下發動了「國體明征」運動，這個運動涵蓋面遍及軍、政及社會各個階層，美濃部達吉在軍部及社會強大壓力下被迫辭去上議院議員，海軍大臣出身軍階曾位居海軍大將的內閣總理岡田啓介[7]於當年 8 月 3

日發表嚴正聲明：「日本的統治權屬於天皇，而天皇是行使政權之機關的說法，有背國體」，「統治權屬於天皇，爲國民不可動搖的信念」，日本軍部爲了徹底消滅「機關說」的思想，由文部大臣松田源治領導，編寫《國體本義》教科書，該書明確地說明日本國體的性質，與天皇的神聖地位。

在「天皇機關說」與「天皇主權說」鬥爭當時，昭和天皇權力正盛且有明治憲法爲後盾，不可能支持「天皇機關說」的論點，因此昭和天皇有把握的任由兩派人馬相互對陣。在「天皇主權說」獲勝後，「主權」派人馬透過「國體本義」教科書對國體意識及對天皇信念積極傳播，昭和確保了不可動搖的至尊地位，至於接著而來的「皇道派」與「統治派」的路線鬥爭，雖然未對天皇的權力提出挑戰，但牽涉到昭和天皇的核心幹部，它與昭和天皇實際上也有直接的關係。

「皇道派」與「統治派」的路線鬥爭

「統治派」的基本核心爲前述「一夕會」和「二葉會」的成員，他們在山縣有朋去世後，接收了長州藩在陸軍的勢力，這批人是昭和親自培養的核心骨幹，統治派的立場是主張以體制內的運作方式由上而下建立軍部的權威，強調軍事的現代化以及提升總體戰力，並以此堅實軍部力量，然後再擴張其勢力範圍到包括政治領域在內的其它機構；「統治派」的主要成員有陸軍大臣林銑十郎、永田鐵山、岡村寧次、東條英機、板垣征四郎等，他們具陸軍軍校出身受過正規化訓練的背景[8]。

「皇道派」的成員則以前陸軍大臣荒木貞夫及陸軍教育總監真崎甚三郎等爲領導人，「皇道派」的基本立場爲：日本目前國力不足，要想以有限的軍力在戰場得勝，必須強化精神思想，要以精神戰力爲主，只要軍隊有爲天皇誓死效忠的精神，就可以戰無不勝、攻無不克，而這種精神就是「皇道」的精神，因此皇道派積極宣揚皇道精神及提倡「國體明征」；此外，「皇道派」成員不認爲可以透過任何和平方式使皇道精神真正的發揚光大，他們認同北一輝的觀點，即「必須以暗殺反皇道政客、以政變來實行國家改造，必須限制私人財產及資本的擴張，必須積極執行國家擴張主義」，「皇道派」也認同大川周明「絕對忠於天皇、純正的大和主義、純正的思想」的觀點。

北一輝的思想對日本國家擴張主義之影響極爲深遠，有關達到國家權力擴張之目的，不論「統治派」或「皇道派」均持相同的立場，不同的只是手段而已。北一輝（1883 年 4 月 3 日-1937 年 8 月 19 日），新瀉縣人，1906 年發表「國體論及純正社會主義論」，曾參與中國革命，1919 年 9 月在上海完成了八卷本《國家改造案原理大綱》，1920 年出版時更名爲《日本改造法案大綱》[9]，該大綱主張依靠軍事力量實現國家「改造」與對外擴張，建立殖民地稱霸亞洲和世界。日本青年軍人受其影響甚深，北一輝的思想中認爲暗殺異議分子，乃「愛國」的行爲[10]，此外，北一輝與大川周明建立了日本右翼主義團體「猶存社」，北一輝在日本等同於極端右翼思想之代名詞。

政治上，「皇道派」堅持要用暗殺等激烈的政變手段實行國家改造，「統治派」則主張以天皇爲中心，以人事更替等之合法鬥爭方式改造國體。軍事上，「皇道派」主張精神戰力，「統治派」則強調強化戰備進行以國家爲單位的總體戰。對外擴張上，「皇道派」主張「北進」，先打蘇聯，「統治派」主張「南進」，先獲得南洋資源，加強國力。「皇道派」屬於民粹型軍國主義派別，「統治派」則屬於計畫型軍國主義派別。但不論「皇道派」還是「統治派」，其對政治及建軍途徑的派閥策略、手段或有不同，但對天皇的絕對效忠及對外侵略的目的則完全一致，兩派的鬥爭，天皇的意向決定了派系的勝負，1934 年 1 月 22 日「皇道派」領導人物陸軍大臣荒木貞夫辭職，23 日由「統治派」的領袖林銑十郎接任，永田鐵山亦於 3 月接任陸軍軍務局長，次年 7 月陸軍教育總監真崎甚三郎被撤換由渡邊錠太郎接任。

「二二六」事件

「皇道派」企圖以暗殺改變政體一事，最著名的實例就是「二二六」事件，1936年（昭和11年）2月26日凌晨東京大雪，近衛師團之近衛步兵第三連隊、第一師團之步兵第一連隊、步兵第三連隊共一千四百八十三人，在受北一輝國家改造理論影響的急進「皇道派」陸軍青年軍官[11]：磯部淺一（陸軍一等主計）、村中孝次（陸軍步兵大尉）、香田清貞（步兵第一旅團副官）、安藤輝三大尉（步兵第三連隊）、栗原安秀中尉、中橋基明中尉、丹生誠忠中尉、竹嶋繼夫中尉（豐橋教導學校）、山本又（預備少尉）等率領下占領陸軍省、參謀本部、警視廳、朝日新聞社，並暗殺重臣，以軍事革命手段，宣稱改造國家。磯部淺一、村中孝次、香田清貞包圍陸軍大臣川島義之官邸，香田將陸軍步兵大尉野中四郎撰寫的《決起趣意書》[12]及另一文件「陸軍大臣要望事項」交給川島義之，並希望川島義之支持政變。

《決起趣意書》中說明皇道派軍人起義的目的：「必須消滅破壞國體的不義之臣，再次維新」。在「陸軍大臣要望事項」中表明「青年軍官對陸軍中統制派之作爲不滿，應任命荒木貞夫大將爲關東軍司令官，此次行動爲『尊王義軍』」。川島義之在接受陳情書後，答應將「速奏天皇陛下御裁」，26 日上午 9 時 30 分川島晉見天皇，上呈「決起趣意書」。昭和天皇對叛軍暗殺重臣及犯上不滿，要求陸軍大臣儘速鎮壓，軍部之「戒嚴司令部」決定 29 日上午 9 點對「叛軍」開始攻擊，皇道派政變部隊隨即被鎮壓。7 月 5 日判決有罪者七十六人，叛變之主謀軍官十七人死刑，五人無期徒刑，六人有期徒刑十五年；此外，北一輝、西田悅有教唆、煽動之罪亦判死刑，此即「二二六」事件。「二二六」事件起因於：

「皇道派」被削權後，企圖報復，其報復的手段完全依據該派系的標準手法，暗殺及政變。陸軍軍務局長永田鐵山早於 1935 年 8 月 12 日就被皇道派成員相澤三郎中佐暗殺，1936 年 2 月 26 日事件當日則暗殺了大藏大臣高橋是清（赤坂之高橋是清私邸）、教育總監渡邊錠太郎（荻窪之渡邊錠太郎私邸）、內大臣齊藤實（四谷之齊藤實私邸）、侍從長鈴木貫太郎（麴町之鈴木貫太郎官邸）、首相岡田啓介、元老西園寺公望，及曾任明治天皇時期第十二代西園寺公望內閣之文部大臣、第十四代西園寺公望內閣之農商務大臣，及大正天皇時期第十六代山本權兵衛內閣外務大臣的牧野伸顯等人。其中高橋是清、渡邊錠太郎、齊藤實死亡，鈴木貫太郎受傷、西園寺公望、牧野伸顯逃過一劫。事變之後，昭和天皇藉由「統治派」之手，大肆整頓軍中皇道派人員，皇道派重要成員被迫離開軍職，皇道派在軍隊的勢力因此大損。

昭和在兩派衝突，及鎮壓、反鎮壓的過程中，對「皇道派」以暗殺大臣的手段，擾亂社會次序，及軍部中「皇道派」之高級將領如荒木貞夫等人未能有效執行鎮壓叛變軍官不滿，事後荒木貞夫被要求退伍。經此事件，由昭和栽培的青年將校完全接管了陸軍各個階層的職位，「統治派」大權在握，此後軍部專注對外擴張，接連進行一連串的侵華戰爭、南洋占領及太平洋戰爭。

註釋

[1]以平成13年10月17日計算之總數。靖國神社相關資料參閱：《靖國神社の概要》，靖國神社社務所發行。《ようこそ靖國神社へ》，靖國神社監修所功編。《やすくにの祈り》，靖國神社やすくにの祈り編集委員會編著。《やすくに大百科～私たちの靖國神社》，靖國神社社務所發行。

[2]靖國神社於1959年立B、C級戰犯牌位，1978年立A級戰犯牌位。

[3]有有關裕仁訪歐相關情形參閱：波多野勝，《裕仁皇太子ヨーロッパ外遊記》（東京：草思社，1998）。

[4]趙曉春，《百代盛衰——日本皇室》，前揭書，頁203。

[5]金一南，〈遠東的陰謀——「九、一八」背後」〉，《世界軍事》，2001年10月。

[6]西元寺公望，1906年（明治39年）1月7日至1908年7月14日任第12代內閣總理；1911年（明治44年）8月30日至1912年12月21日任第14代內閣總理。

[7]岡田啟介，1927年（昭和2年）4月20日至1929年7月2日任第26代田中義一內閣，及1932年5月26日至1933年1月9日任第30代齋藤實內閣之海軍大臣。

[8]林銑十郎 1896年陸軍士官校校 8 期畢業；永田鐵山、岡村寧次、板垣征四郎陸軍士官校校 16 期畢業；東條英機陸軍士官校校 17 期畢業。

[9]參閱：北一輝，《支那革命外史；国家改造案原理大綱，日本改造法案大綱》（東京：みすず書房，1959）。

[10]有關北一輝思想的論述，參閱神島二郎，〈国体論及び純正社會主義〉，《北一輝著作集》，第1巻，みすず書房，1959年3月。野村浩一、今井清一，〈支那革命外史・国家改造案原理大綱・日本改造法案大綱〉，《北一輝著作集》，第2巻，みすず書房，1959年7月。松本健一、高橋正衛編，〈論文・詩歌・書簡－関係資料雑纂〉，《北一輝著作集》，第3巻，みすず書房，1972年4月。佐藤美奈子，〈北一輝の「日本」──「国家改造案原理大綱」における進化論理解の変転〉，《日本思想史學》，第34號，2002年9月。佐藤美奈子，〈「東洋」の出現──北一輝「支那革命外史」の一考察〉、政治思想學會，《政治思想研究》，第1號，2001年5月。北一輝，《國體論》；《天皇主權、萬世一系、君臣一家、忠孝一致の俗論の批判》（東京：北一輝遺著刊行會，1950）。北一輝，《國體論及び純正社會主義》（東京：みすず書房，1959）。

[11]參閱：木村時夫，《北一輝と二・二六事件の陰謀》（東京：恒文社，1996）。

[12]野中四郎，1903年（明治36年）10月27日生於青森現弘前市，1924年（大正13年）陸軍士校畢業，「二二六」事變失敗後於2月29日自決。此一「以下犯上」的重要文件──《決起趣意書》全文：「謹んで惟るに我が神洲たる所以は万世一系たる　天皇陛下御統帥の下に挙国一体生成化育を遂げ遂に八紘一宇を完うするの国体に存す。此の国体の尊厳秀絶は天祖肇国神武建国より明治維新を経て益々体制を整へ今や方に万邦に向つて開顕進展を遂ぐべきの秋なり。然るに頃来遂に不逞凶悪の徒簇出して私心我慾を恣にし至尊絶対の尊厳を藐視し僭上之れ働き万民の生成化育を阻碍して塗炭の痛苦を呻吟せしめ随つて外侮外患日を逐うて激化す、所謂元老、重臣、軍閥、財閥、官僚、政党等はこの国体破壊の元

兇なり。倫敦軍縮条約、並に教育総監更迭に於ける統帥権干犯至尊兵馬大権の僣窃を図りたる三月事件或は学匪共匪大逆教団等の利害相結んで陰謀至らざるなき等は最も著しき事例にしてその滔天の罪悪は流血憤怒真に譬へ難き所なり。中岡、佐郷屋、血盟団の先駆捨身、五・一五事件の憤騰、相沢中佐の閃発となる寔に故なきに非ず、而も幾度か頸血を濺ぎ来つて今尚些かも懺悔反省なく然も依然として私権自慾に居つて苟且偸安を事とせり。露、支英、米との間一触即発して祖宗遺垂の此の神洲を一擲破滅に堕せしむは火を睹るより明かなり。内外真に重大危急今にして国体破壊の不義不臣を誅戮し稜威を遮り御維新を阻止し来れる奸賊を芟除するに非ずして宏謨を一空せん。恰も第一師団出動の大命渙発せられ年来御維新翼賛を誓ひ殉死捨身の奉公を期し来りし帝都衛戍の我等同志は、将に万里征途に登らんとして而も省みて内の亡状に憂心転々禁ずる能はず。君側の奸臣軍賊を斬除して彼の中枢を粉砕するは我等の任として能くなすべし。臣子たり股肱たるの絶対道を今にして尽さずんば破滅沈淪を翻すに由なし、茲に同憂同志機を一にして蹶起し、奸賊を誅滅して大義を正し国体の擁護開顕に肝脳を竭し以つて神洲赤子の微衷を献ぜんとす。皇祖皇宗の神霊冀くば照覧冥助を垂れ給はんことを！」

第 13 章

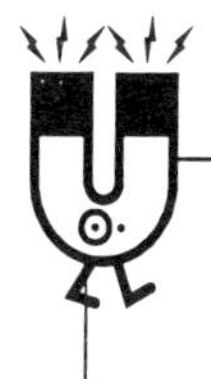

天皇與戰爭

· 戰時戒嚴權
· 皇室與戰爭的關係
· 「人間神」之戰爭責任

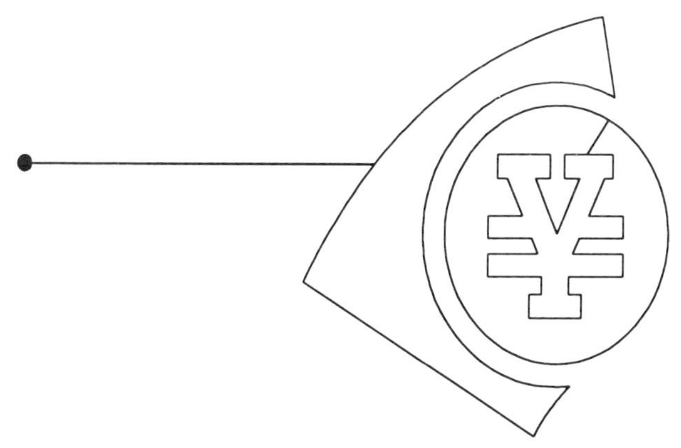

戰時戒嚴權

按「大日本國憲法」（明治憲法）第十四條第一款規定天皇有「戒嚴宣告」權，依據此一規定，1882 年（明治 15 年）8 月 5 日明治政府以「太政官布告第 36 號」公布戒嚴令實施辦法，並於 1886 年修正實施細節[1]，將戒嚴劃分為「臨戰地境」與「合囲地境」兩種戒嚴種類。「臨戰地境」戒嚴下達時，與軍事有關之地方行政事務、司法事務納入軍事機關管理，包括：民間集會及新聞雜誌發行停止。民間物資納入統一管理、調度。收繳槍枝、彈藥及危險物品。停止交通運輸及郵件寄送。因戰爭需要，可徵用及損毀民間之土地上之作物及屋舍。當戒嚴下達時，軍團長、師團長、旅團長、鎮台營所、要塞司令官、警備隊司令官、分遣隊長或艦隊司令長官、艦隊司令官、鎮守府長官、特命司令官，負責戒嚴之實施及相關之管理。

「合囲地境」戒嚴，則適用於國內有重大事件發生時，當「合囲地境」戒嚴下達，地方行政及司法事務納入軍事機關管理，由地方司令官接管行政、司法事務，包括：不分晝夜可隨時進入民間住宅、交通工具、船舶等搜索。強制實施各項管理，民法、刑法之判決由軍事機關行使。有關違反戒嚴之罪行，由軍事機關負責審理的事項包括：不敬皇室、影響國事、散布謠言、不守信用、官吏瀆職等罪。其它則包括：謀殺、互毆、脅迫、強盜、放火、覆沒船舶、毀壞家屋物品等罪。

依戒嚴之相關規定，1936 年「二二六」事件」第二天即 2 月 27 日，昭和天皇按「大日本帝國憲法」第八條第一款之律定「天皇為了保持公共安全，避免災厄之緊急」時可發布勅令，行使緊急命令[2]。昭和天皇因此下達有關「二二六」事件」之勅令：「朕茲認為緊急之必要，按帝國憲法第八條第一款，戒嚴令中需有事件、地域之規定，經與樞密院諮詢，裁可、公布」[3]，此勅令有各國務大臣副署。另依規定發布之戒嚴令中必須有適用之事件，因此第十八號勅令：「朕昭和 11 年勅令第十八號，裁可、公布（「二二六」事件）」[4]，副署此勅令的有臨時代理內閣總理大臣、內務大臣後藤文夫、陸軍大臣川島義之。勅令第十九號係依戒嚴令第九條及第十四條「臨戰地境」之界定而下達，因此第十九號勅令：「朕裁可成立戒嚴司令部令（東京），裁可、公布」[5]副署此勅令的有臨時代理內閣總理大臣、內務大臣後藤文夫、陸軍大臣川島義之。

從天皇對戒嚴令下達的權限及其所產生的實質效力，「二二六」事件是最佳的實例，2 月 26 日事件發生，27 日下達戒嚴令，29 日事件結束。此外，天皇的實權除了來自於憲法的規定，它尙來自於天皇不可動搖的「神」性地位，在國內事務上天皇不可能做不到他想要做的事，軍部的權勢再大，重大政策仍必須獲得天皇的認可才能行事，一旦天皇要收回這些權力，軍部就將只剩下虛有其表的殼子，雖然軍隊有下級軍官「以下犯上」之傳統，但絕不敢延伸至天皇。

皇室與戰爭的關係

作爲一個受全國軍民膜拜的現人神，昭和天皇在日本不可能是傀儡，如前所述，昭和實質掌控軍政大權的時機起始於以太子身分攝政開始，在時間點上早於明治天皇，在明治憲法之下，任何重大問題不論政治、軍事之最後決策均由天皇定奪；以 1937 年 11 月 20 日成立的「大本營」會議爲例，爲了因應中國戰場的需要，該日東京設立了「大本營」會議，包括內閣總理、陸軍大臣、海軍大臣、外務大臣、參謀總長等及各部門次長和局長都出席參與會議，會議內容及決議由總理親奏天皇，同時，陸軍大臣及參謀總長如因軍情急要時亦可越過內閣總理，直接上奏天皇，天皇會直接接見軍部大臣面談軍務。

因此，發生在中國的各類戰爭事件，如南京包圍戰及其後續措施包括南京屠城，裕仁不可能不知情，其大力支持軍部及內閣主戰派，擴大對華戰爭，並於南京淪陷前十天指派他的叔父朝香宮接任上海派遣軍司令官，朝香宮鳩彥親王則是一個著名的戰爭狂熱分子。南京大屠殺事件後隔年 2 月 26 日，裕仁親自召見鳩彥親王、松井石根及柳川平助，對於他們在南京攻城戰中對帝國的貢獻，予以嘉勉，並各贈一對鑲皇室菊花的銀瓶爲賞，在日本能接受天皇贈與帶有皇室菊花的器物，乃至高無上之榮譽。松井石根戰後被列爲甲級戰犯，處死，對一群違反戰爭法的好戰分子給予皇室最高榮譽的嘉勉，昭和天皇支持戰爭的態度不言而喻。

日本向海外擴張及力行軍國主義，從天皇自己到皇室成員都有關係[6]，「九一八」事件後昭和天皇任命其叔祖閑院宮戴仁親王出任陸軍參謀長，戴仁親王任此一職位直到 1937 年。從昭和年代皇室人員與軍事事務相關的資歷，可以清楚的知道從天皇以降日本皇室與戰爭的關係，舉下列皇室成員爲例說明：

昭和天皇：大正 1 年 9 月任近衛第一連隊、第一艦隊附之陸海軍少尉，大正 3 年 10 月晉升陸海軍中尉，大正 5 年 10 月晉升陸海軍大尉，大正 9 年 10 月晉升陸海軍少佐，大正 12 年 10 月晉升陸海軍中佐，大正 14 年 10 月晉升陸海軍大佐。昭和改元晉升爲陸海軍大元帥[7]。

秩父宮雍仁親王，大正天皇之第二子，大勛位功三級，大正 11 年 7 月陸軍士校三十四期畢業，昭和 6 年 11 月陸軍大學四十三期畢業，任步兵第三聯隊第六中隊長，昭和 7 年 9 月任參謀本部第一部第二課（作戰課）附，昭和 10 年 8 月以陸軍少佐軍階任步兵第三十一聯隊第三大隊長，昭和 11 年 12 月任參謀本部第一部附，昭和 13 年 1 月任大本營戰爭指導班參謀，昭和 13 年 3 月晉升陸軍中佐，昭和 14 年 8 月晉升陸軍大佐，昭和 16 年 3 月任參謀本部附，昭和 20 年 3 月升任陸軍少將。

高松宮宣仁親王，大正天皇之第三子，大勛位功四級，大正 13 年 7 月海軍兵學校五十三期畢業，昭和 2 年 12 月晉升海軍中尉，昭和 7 年 12 月海軍砲術學校高等科畢業，昭和 11 年 11 月海軍大學甲種三十四期畢業，昭和 11 年 12 月任軍令部二部課員，昭和 12 年 4 月任起軍令部一部、三部、四部等課員，昭和 15 年 7 月任比叡砲術長，昭和 15 年 11 月晉升海軍中佐，昭和 16 年 4 月任橫須賀航空隊教官，昭和 16 年 11 月任軍令部一部課員負責作戰及戰爭指導之研究，昭和 17 年 11 月晉升海軍大佐，昭和 19 年 8 月任橫須賀砲術學校總教官兼研究部長，昭和 20 年 6 月任軍務局員兼大本營及海軍總合部員。

三笠宮崇仁親王，大正天皇之第四子，大勛位，昭和 11 年 6 月陸軍士校四十八期畢業，昭和 13 年 2 月陸軍騎兵學校丙種通信學生畢業，昭和 13 年 8 月任騎兵第十五聯隊中隊長，昭和 15 年 8 月晉升陸軍大尉，昭和 16 年 12 月陸軍大學五十五期畢業，昭和 17 年 4 月任陸軍大學研究部研究員，昭和 18 年 1 月以匿名若杉大尉身分擔任中國派遣軍參謀，昭和 18 年 8 月晉升陸軍少佐，昭和 19 年 1 月任大本營二部英、美課參謀，昭和 19 年 9 月任機甲本部附，昭和 20 年 6 月任航空總軍參謀。

賀陽宮恒憲王，賀陽宮邦憲王之子，陸軍士校三十二期、陸大三十八期畢業，昭和 15 年 12 月晉升少將擔任騎兵第二旅團長，昭和 16 年 7 月擔任近衛混成旅團司令官，昭和 17 年 3 月擔任戶山學校校長，昭和 18 年 3 月晉升中將，擔任留守第三師團司令官，昭和 18 年 6 月擔任第四十三師團司令官，昭和 19 年 4 月擔任留守近衛第二師團司令官，昭和 20 年 3 月升任陸軍大學校長。

閑院宮春仁王，元帥，爲閑院宮戴仁親王之第二子，陸軍士校三十六期、陸軍大學四十四期畢業，昭和 16 年 4 月進研究所當研究生，昭和 16 年 8 月晉升大佐，昭和 17 年 10 月任戰車第五聯隊長，昭和 20 年 3 月升任戰車第四師團司令部副司令官，昭和 20 年 6 月晉升少將，昭和 20 年 8 月升任戰車第四師團司令官。

竹田宮恒德王，陸軍少將，竹田宮恒久王之子，陸軍士校四十二期、陸軍大學五十期畢業，昭和 15 年 8 月晉升少佐，昭和 15 年 12 月任參謀本部第一部作戰課，昭和 18 年 3 月晉升中佐，昭和 18 年 8 月以匿名宮田中佐身分擔任關東軍作戰參謀，昭和 20 年 7 月任第一總軍防衛主任。

東久邇宮稔彥王，元帥，久邇宮朝彥親王第九子，爲久邇宮邦彥王元帥、梨本宮守正王大將、朝香宮鳩彥王之弟，陸軍士校二十期、陸軍大學二十六期畢業，昭和 8 年 8 月爲第二師團中將司令官，昭和 9 年 8 月任第四師團司令官，昭和 12 年 8 月任航空本部司令官，昭和 13 年 4 月任第二軍司令官，昭和 14 年 1 月任軍事參議官，昭和 14 年 8 月晉升大將，昭和 16 年 12 月任防衛司令官，昭和 20 年 4 月任軍事參議官，戰敗後於昭和 20 年 8 月擔任內閣總理。

久邇宮朝融王，爲陸軍大將久邇宮邦彥王長子，海軍兵學校四十九期、海軍大學三十期畢業，昭和 15 年 7 月任八雲艦長，昭和 15 年 11 月任木更津航空隊司令，昭和 17 年 3 月任高雄航空隊司令，昭和 17 年 11 月晉升少將，昭和 18 年 4 月任第十九聯合航空隊司令官，昭和 19 年 10 月任第二十聯合航空隊司令官，昭和 20 年 5 月晉升中將。

伏見宮博恭王，元帥，伏見宮貞愛親王之子，海軍兵學校十六期畢業，大正 11 年 12 月晉升大將，大正 13 年 2 月任佐世保鎮守府長官，大正 14 年 4 月任軍事參議官，昭和 7 年 2 月任軍令部長，昭和 7 年 5 月升任元帥，昭和 8 年 10 月任軍令部總長。

「人間神」之戰爭責任

論昭和天皇的戰爭責任時[8]，可從其擁有絕對權威、不可違逆之地位以及統御方式、圓滑的手段對追隨者之意念進行支配的過程等予以定論；昭和其實具備了尼科洛、馬基維利（Niccolò Machiavelli, 1469-1527）在《君王論》中所闡述之君主所應擁有「權謀」上的多數條件。馬基維利是 15、16 世紀之交義大利佛羅倫斯的一位作家、歷史家、政治家、軍事家，他的觀點是「光靠宗教而沒有實質武力的領導人，是不能成功約束人民的」[9]。在《君王論》一書中指出：擔任領導人物必須具備「維爾托」（Virtu）「佛爾托納」（Fortuna）「尼斯希塔」（Necessita）三個條件，即「才能、力量、器度」、「運氣」、「有時代性」。他並認爲一個理想的君主必須「勇猛如獅、狡猾如狐」，因爲君主的責任不同於一般人，應該將國家利益放在第一位，爲達此目的，採用任何手段都可以，政治無關乎個人道德。馬基維利另主張「崇術道貶德道」，認爲以「目的」決定「手段」是君王的行動準則，手段不受道德的約束，爲了目的可以拋棄所有的道德，他認爲爲了達到目的，不能介意罪惡，當遵守信義而會對自己不利時，一位英明的統治者絕對不能夠，也不應當遵守信義[10]。

從表 13-1 顯示，從昭和繼任天皇大位至無條件投降爲止，這一時期內閣更換頻率及擔任首相與陸軍大臣的背景，來驗證昭和天皇以重要人事更替作爲追求戰爭目的的手段及其在國內的權威地位。

表 13-1 昭和天皇時期擔任內閣總理及陸軍大臣任期及背景

內閣總理	任期起始	陸軍大臣	任期	備註
若槻禮次郎	1926／1／30-	宇垣一成	1926／1／30-	宇垣一成：長州藩及陸軍校派
田中義一	1927／4／20-	岡田啟介	1927／4／20-	岡田啟介：皇道派 田中義一：田中奏折
濱口雄幸	1929／7／2／-	宇垣一成	1929／7／2-	宇垣一成：長州藩及陸軍校派
若槻禮次郎	1931／4／ 14-	南次郎	1931／4／14-	南次郎：戰犯（無期徒刑）
犬養毅	1931／12／13-	荒木貞夫	1931／12／13-	荒木貞夫：皇道派，戰犯（無期徒刑）
高橋是清（臨時兼任）	1932／5／16-	荒木貞夫	1932／5／16-	荒木貞夫：皇道派，戰犯（無期徒刑）
齋藤實	1932／5／26-	荒木貞夫	1932／5／26-1934／1／22	荒木貞夫：皇道派，戰犯（無期徒刑）
		林銑十郎	1934／1／23-	林銑十郎：一夕會
岡田啟介	1934／7／8-	林銑十郎	1934／7／8-1935／9／4-	林銑十郎：一夕會 岡田啟介：皇道派
		川島義之	1935／9／5-	川島義之：親皇道派

（續）表 13-1 昭和天皇時期擔任內閣總理及陸軍大臣任期及背景

內閣總理	任期起始	陸軍大臣	任期	備註
廣田弘毅	1936／3／9-	寺內壽一	1936／3／9-	廣田弘毅：戰犯（死刑）
林銑十郎	1937／2／2-	中村孝太郎	1937／2／2-1937／2／8	
		杉山元	1937／2／9-	杉山元：「三月亡華」論者
近衛文磨	1937／6／4-	杉山元	1937／6／4-1938／6／2-	杉山元：「三月亡華」論者
		板垣征四郎	1938／6／3-	板垣征四郎：二葉會，戰犯（死刑）
平沼騏一郎	1939／1／5-	板垣征四郎	1939／1／5-	板垣征四郎：二葉會，戰犯（死刑）
阿部信行	1939／8／30-	畑俊六	1939／8／30-	畑俊六：戰犯（無期徒刑）
米內光政	1940／1／16／-	畑俊六	1940／1／16-	畑俊六：戰犯（無期徒刑）
近衛文磨	1940／7／22-	東條英機	1940／7／22-	東條英機：「巴登巴登」集團，二葉會，戰犯（死刑）
近衛文磨	1941／7／18-	東條英機	1941／7／18-	東條英機：「巴登巴登」集團，二葉會，戰犯（死刑）
東條英機	1941／10／18-	東條英機（兼）	1941／10／18-	東條英機：「巴登巴登」集團，二葉會，戰犯（死刑）
小磯國昭	1944／7／22-	杉山元	1944／7／22-	杉山元：「三月亡華」論者 小磯國昭：戰犯（無期徒刑）
鈴木貫太郎	1945／4／7-	阿南惟幾	1945／4／7-	阿南惟幾：主張本土決戰

從表 13-1 可以清楚瞭解，戰後被遠東國際法庭列爲甲級戰犯的東條英機擔任近三年的內閣總理及四年的陸軍大臣，板垣征四郎及「三月亡華」論者杉山元當了兩任陸軍大臣；戰犯荒木貞夫連任三次陸軍大臣，其它如小磯國昭、近衛文磨、廣田弘毅等都是內閣總理，昭和天皇委以重任的內閣總理及陸軍大臣，都是一些不折不扣的軍國主義分子，作爲君王的昭和天皇，卻如馬基維利所言一個君主要「狡猾如狐」的狡猾的逃脫了其在戰爭上的責任。

昭和天皇爲了消滅長州藩在陸軍的勢力有效掌控軍權，培養了一批以永田鐵山、小敏四郎、岡村寧次及東條英機等「巴登巴登」集團及大學寮爲班底的軍事新貴，他機靈的利用內閣大臣的更迭，表達自己對戰爭的態度並以最高榮譽之獎賞表彰麾下在戰爭中對帝國權力擴張有貢獻的軍人，致贈鑲皇室菊花的銀瓶賞予鳩彥親王、松井石根及柳川平助等在戰後被列爲戰犯的軍事指揮官就是例證之一；戰敗前夕仍企圖聯合蘇聯，想靠「運氣」維持不敗之地位，戰敗後爲了達到保留皇室的目的，以「人間宣言」自貶神格，以削減皇族成員數額，棄車保帥。戰後盟軍基於國際政治的考量，未將昭和天皇列爲戰犯審判，但這並不代表昭和不須爲戰爭負責，廣島、長崎被原爆攻擊，東京及日本其餘各大城市被美軍轟炸，昭和及軍國主義政府提供了上述城市被毀滅的元素。作爲君王的昭和雖具備馬基維利所謂的「狡猾如狐」、「不介意罪惡」的個性，但欠缺馬基維利主張君王必須具備的「才能、器度」，然而「才能、器度」這點卻又是一個有能力玩弄「權謀」的君王必須具備的充分必要條件。

註釋

[1]此戒嚴令於1947年（昭和22年）廢止。

[2]「天皇ハ公共ノ安全ヲ保持シ又ハ其ノ災厄ヲ避クル為緊急ノ必要ニ由リ帝国議會閉會ノ場合ニ於テ法律ニ代ルヘキ勅令ヲ発ス」。

[3]「朕茲ニ緊急ノ必要アリト認メ枢密顧問ノ諮詢ヲ経テ帝國憲法第八條第一項ニ依リ一定ノ地域ニ戒嚴令中必要ノ規定ヲ適用スルノ件ヲ裁可シ之ヲ公布セシム」。

[4]「朕昭和十一年勅令第十八號ノ施行ニ關スル件ヲ裁可シ茲ニ之ヲ公布セシム」。

[5]「朕戒厳司令部令ヲ裁可シ茲ニ之ヲ公布セシム」。

[6]參閱：井上清，《昭和天皇の戦争責任》（東京：明石書店，1989）。ピーター・ウエッツラー著；森山尚美訳，《昭和天皇と戦争：皇室の伝統と戦時下の政治・軍事戦略》（*Hirohito and war: imperial tradition and military decision making in prewar Japan*）（東京：原書房，2002）。

[7]參閱：山田朗，《大元帥・昭和天皇》（東京：新日本出版社，1994），頁321-329。

[8]有關昭和天皇的戰爭責任，參閱：加藤典洋、橋爪大三郎、竹田青嗣，《天皇の戦争責任》（東京：径書房，2000）。関幸夫，《天皇の戦争責任と君主論》（鎌ケ谷：白石書店，1995）。

[9]16世紀初義大利有五個公國分治，包括羅馬教會（Roman church）、

佛羅倫斯共和國（Republic of Flerence）、威尼斯共和國（Republic of Venice）、拿不勒斯王國（Kingdom of Naples）、米蘭大公國（Duchy of Milan）。佛羅倫斯在洛倫佐、麥迪奇（Lorenzo de'Medici'le, 1449-1492）主政時期成就輝煌，一位名為沙佛弗納羅拉（Savonarola，1452-1498）的修士在洛倫佐死後成為佛羅倫斯市民的精神領袖，而馬基維利對該人的評語是「只靠宗教而沒有武裝實力的人，是不會成功的」。當時義大利主要城邦多似佛羅倫斯為商業型態之邦國，人民不打仗，僅用錢僱請傭兵；馬基維利認為這無疑是把國家安全交給了「一事無成」的國外傭兵。對於國家安全的觀點，馬基維利認為應以古代羅馬兵團為典範，要將人民組織成軍隊，這樣才能保衛國家。參閱，王兆荃譯，《政治哲學引論》（*An Introduction to Political Philosophy, A.R.M.*）（台北：幼獅文化事業公司，1988），頁 97-100。

[10] 參閱：Niccolò Machiavelli, *The Prince*, tr. by George Bull, Penguin, 1999; Niccolo Machiavelli, *Discourses*, tr. by Leslie J. Walker and Bernard Crick, Viking, 1985; *Machiavelli*, ed. by Maurizio Viroli, Oxford, 1998: Harvey Claflin Mansfield, *Machiavelli's Virtue* (Chicago, 1998).

第14章

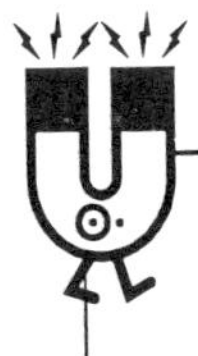

日本的未來

· 美日關係
· 戰爭的能力與意念
· 全球化與日本的政策選擇

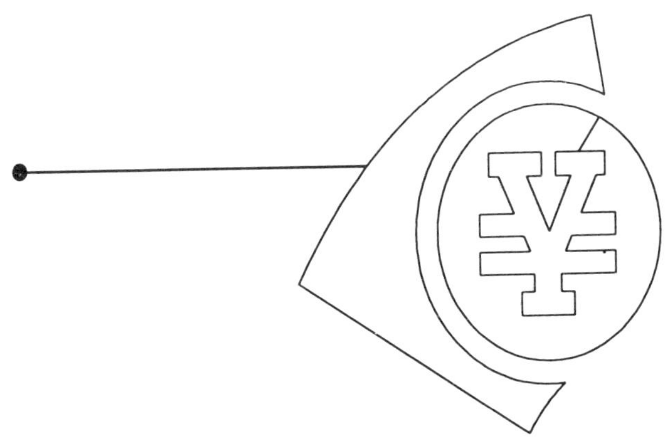

日本的社會偶像多，英雄少，由於英雄在人民的感情上會冒犯天皇的地位，一個視天皇爲至高無上的國家是不會有英雄的，因此，侵華戰爭原兇之一的東條英機，或啓動太平洋戰爭的山本五十六，在日本多數國民的心中，只是一位爲天皇陛下克盡責任的軍人而已；在那樣的社會裡，軍人無法、無能左右號稱具有神性的天皇的對外政策，一個沒有英雄只有天皇的國家，戰爭的責任，不言自明。因此，除了天皇自降神格外，日本社會要想打破天皇神性的迷思，只能多造就些社會英雄，與天皇分享被崇拜的殊榮。

以廣島原爆爲例，在日本社會每當談起戰爭死亡的殘酷，戰爭過程的兇危，多只從原爆談起；反核擴散、慰靈追思、和平運動等多是如此，這點值得憂慮。但可以肯定的是，日本一批有遠見的組織在戰後特別是在經濟復甦後，積極推動國際協力運動，國際協力的對象涵蓋各種主題各個國家，日本欲藉國際協力的途徑，以能力回饋國際，拾回聲望，換句話說，國際協力以和平的方式開展「共榮圈」的願景，這比以軍事侵略的方式進行的「大東亞共榮圈」值得讚佩。

民主與資本主義有直接且緊密的關係，資本主義的精神奠基於自由的社會環境、公平競爭的體制，強調群體合作但卻尊重個體的價值，個體可以透過努力創造所應獲得的利益。民主是以自由、公平、尊重個體價值爲基礎，打破萬能政府的迷思，以全民的智慧共同創造屬於人民的未來，積極揚棄擁有權力的政府那雙無所不在的手，但基於人民才智、平庸各有不等，對標題式的政策詮釋因人而異，爲了避免產生混淆及人民被政客有步驟的導向民粹，因此要求政策透明以聚全民共識，是人民最基本的權力之一。國家事務的各級決策者，其頭銜的存在乃基於人民的託付，其工作所得之報酬來自人民的稅賦，爲人民負責是這些人不可推諉的責任。如果國家事務的各級決策者，凡事想以諸如忠君、愛國、服從等意識形態爲大纛，而企圖剝奪人民自由、公平、被尊重的基本權力，這種政府必定有一股腐化的勢力在背後，如果國家事務的各級決策者無法透明其決策過程，其隱藏的原因也必定有不可知的墮落。

民主只能在尊重個人人權及自由的基礎價值上才能實現，不能相信政客們的口號，要相信人永遠有本性上的弱點，只有嚴格的堅守法則，擁有權力者才會被約束在合理的行爲規範內，人的權力需要被制度的權力平衡，尤其對於擁有最高最後權力的國家政策決策者，更需要給予明確的規範與權力的界線。

要預測日本的未來，應先討論幾個國際關係上普世價值的原則：相互尊重。我們可以同意國際社會中仍存留「適者生存」的叢林法則，但想公開的侵占它國領土，或毀滅一個弱小的民族，卻是無法被接受的行爲，想以美麗的口號、虛無的遠景作爲戰爭的原因強占它國領土，同樣也是不能被接受的行爲；我們無法阻止一個國家行使霸權主義，但這個霸權國家想要肆無忌憚的行使其軍事權力，強占它國領土或毀滅一個種族，則必被撻伐。自由主義與民主主義的觀點反映在國際事務上之行爲是放棄中央集權式的地區或全球性之控制，放棄軍國主義式的瓜分占領，如以此爲標準，則可以檢驗日本的現在與預測它的未來。

美日關係

在美國的設計下，日本有意無意的與美國之間的各種軍事防禦合作等條約進行軍備擴張，從前述 1996 年 4 月美日雙方發表「聯合宣言」，表示爲了本地區的區域安全及確保美日在本地區的戰略利益，美日要加強安全及政治合作。且「美、日的安全關係從單純的雙邊軍事防禦合作，進入到執行全球安全事務的夥伴的關係」「美、日的合作會增加兩國在全球的影響力，在地緣戰略方面，美、日的安全關係也可被視爲在面臨中國之擴張主義時，防衛性的將海權勢力擴大；過去日本在美國保護下僅扮演了一個消極被動的角色，今日應該進展成爲美國同等地位的夥伴，分擔更大的安全責任」。

「聯合宣言」代表的意義是，日本要與美國獨享在東亞的權力，這種獨享也就是要強化中央集權式的區域控制，但是國際環境大氣候不利於這種夢想的實現，在東亞國家自主性高漲的現在，日本能不顧其爲東亞地區的一員，而與美國平分勢力範圍？「防禦」「國家安全」是所有軍事擴張、侵略行爲最好的藉口，就如同「國家安全」是所有政客封殺異己、強化獨裁意識形態，是政策不透明，公開腐化的最好藉口。權力需要平衡，一旦日本想與美國平分東亞權力時，日本就必須被這一地區國家平衡其權力，目前東亞國家的立場是認爲，平衡日本權力的方式是牽制日本，壓制日本的經濟發展，不斷的要求日本表態放棄軍國主義，這種要求表態的目的在警惕日本記起過去的教訓，平心而論，一個位於東亞卻被牽制的日本，還能有多大的作爲。

雖然日本追隨著美國的外交政策，要防止「中國的擴張主義」，因此要「擴大防衛性的海權勢力」，但考量現實之經濟利益，日本卻無法放棄中國廣大的消費市場及有高額利潤產出的工廠基地，爲了經濟上需要，在反中國擴張主義同時又要擴大在中國的經濟市場，這種矛盾是日本戰後面對東亞局勢變化時最大的思想障礙。

第二次世界大戰前與戰後，日本政體在外部的壓力下有了很大的改變，同樣的，東亞地區的區域環境除了不可改變的地理位置外，其它部分也與戰前完全不同。第二次世界大戰前除中國、日本、泰國是主權獨立的國家，其餘都是西方列強的殖民地，大戰結束後這些國家依序獨立，1946 年的菲律賓，1947 年印度，1948 年南、北韓及緬甸，1949 年印尼，1953 年寮國及高棉，1957 年馬來西亞，1965 年新加坡，1954 年南、北越南。主權獨立的國家有不受列強支配的獨立國防、外交等政策，因此當東亞地區的國家主權完全獨立時，權力平衡、相互妥協成爲國與國互動的常態模式。

政治上，東亞地區在 70 年代以前，有兩大對立勢力，一爲中國，一爲日本、韓國、中華民國，這三個國家爲美國在東亞圍堵共產主義國家的政策代理人，日本當時除了積極恢復經濟實力及全力配合美國的東亞政策外，不能有任何自主作爲，而東亞國家對日本未來軍國主義是否復辟的疑慮，也基於本身對美國的依賴而有所隱忍。1967 年東亞五國包括新加坡、泰國、印尼、馬來西亞、菲律賓組織「東南亞國協」（Association of Southeast Asian Nations, ASEAN），此一組織的出現，不論功能是否彰顯，但在結構上卻改變了東亞地區的平衡勢力。

戰爭的能力與意念

不論是冷戰或後冷戰時期，美國在東亞地區的主要同盟國都是日本，戰後日本的非戰憲法是在美國的主導下制訂，但美國卻違背防止日本軍國主義復辟的立場，重新帶領日本進入國際權力的競技擂台；冷戰時期作爲美國圍堵中國共產主義擴張的美日安保條約，其存在的理由雖然薄弱，但仍能被東亞國家接受，但有一項必須說明的事實，即實際上 1960 年代共產主義霸主蘇聯與中國就已經分道揚鑣，各自發展，各尋出路，1969 年 3 月中蘇珍寶島軍事衝突之事件，清楚顯示中蘇不可能在共產世界的家族裡共擔同盟的責任，共產主義的力量在這裡是被高估的，此外 60 年代末，70 年代初文化大革命的動盪，使中國根本沒有能力發動對外戰爭。冷戰時期美國的主要假想敵是蘇聯，但蘇聯已經瓦解。中國共產黨雖然仍在執政，但中國已質變成典型的重商主義社會型態，與資本主義的社會型態形象漸趨一致，80 年代起中國開始改革開放，20 世紀末中國在經濟、商務領域呈現非共產主義模式的體制，美國沒有理由強化與日本的軍事合作，維護所謂的亞太和平。

此時日本卻在「中國威脅論」的論點上加強發展軍備，日本是真的認爲國家安全受到中國威脅，還是因爲以國家安全受到威脅是掩飾發展軍備的最好藉口，日本是真的想做美國的幫手平衡亞太的勢力，還是想從亞太的權力平衡中跳脫憲法對其發展軍事武力的束縛。日本一面倒向美國的政策，其實質獲益已充分顯露，即日本可以透過與美國的戰略合作，重新恢復完整之結構性的軍事建設，在「國家導彈防禦系統」（NMD）的部署一案上可以很清楚的看見日本的一面倒向美國的真實目的。

日本未同意配合美國部屬「國家導彈防禦系統」，其理由如同日本海上自衛隊退役中將川村純彥所說，是因爲日本集體自衛權受到憲法牽制，日本政府必須表態，但在美國主導的整個防衛系統形成前，日本需儘快解決這個問題。日本藉「國家導彈防禦系統」一案，掌握美國關注此一飛彈防衛系統之時機，突破集體自衛權受到憲法牽制的問題，將飛彈防衛系統之軍事問題與憲法之政治問題結合，是日本的手段，只是這一手段，更加突顯日本右翼集團對國家權力擴張的熱衷。

在說明日本軍國主義是否會再生前先概略瞭解戰爭的起因，引發兩國戰爭的原因很多，但可歸納爲三個重要因素：相對強大且超過一定程度的軍事實力與綜合國力。發動戰爭的國家權力高度集中於決策階層。追求國家利益的強烈戰爭意志。此外觀察戰後日本軍隊逐步規模化的發展過程，1950

年韓戰爆發後一個月，占領日本的盟軍統帥部，要求日本成立為數約七萬五千人的「警察預備隊」，1953 年「警察預備隊」改名「保安隊」，另將「海上警備隊」改名為「警備隊」。1954 年再將「保安隊」改名為「陸上自衛隊」，「警備隊」改名為「海上自衛隊」，並建立新的軍種「航空自衛隊」。

除了必須具備的軍隊外，日本想要成為軍事大國，決定於發展「軍事工具」的潛能、國家綜合實力、戰爭意志、主觀意願、客觀環境等因素。軍事武器已成為高度專業性的科技，具備研發或生產高科技武器的國家寥寥無幾，目前除了美國擁有包括硬體、軟體之空中、水面、水下、陸地等全方位的武器製造能力外，其它主要工業國家也僅只有部分能力而已；在軍事工業實力方面，日本沒有獨立體系的軍工企業，雖然民間工業如三菱、川崎、三井造船、富士重工、住友機械等負有相關研發及生產的工作，只是日本如果不能自製包括硬體、軟體在內之全方位的武器裝備，而需向外採購，就無法成為軍事強國，日本想要擴大軍事工具的規模，以獲取軍事擴張能力，將受限於上述障礙。

值得強調的是，即使「強化軍隊」成功並不等同於「軍國主義」能順利執行，執行軍國主義與強化軍隊戰力的基礎條件雖同，但卻決定於主觀意願、客觀環境等兩項因素，以客觀環境而論，軍國主義能否執行取決於被執行之目標國家在軍事能力上有一定差距的相對虛弱，但東亞地區國家軍事實力與日本相比，超越的雖屈指可數，但其餘的並未相對虛弱到可以任憑宰制。

日本真正的問題在於「主觀意願」，也就是說問題在於日本對於權力擴張的觀點與反省的能力，任何時代都有其特殊性，戰爭型態也不相同，但有一點不變的是透過戰爭等手段追求國家權力的意念卻存在於每一個時代，不論頭銜是國防軍還是自衛隊，他們都是戰爭所必須具備的工具，「自衛隊」不會比「國防軍」更愛好和平。當日本有憲法第九條的規定制止軍事建設時，並不代軍事擴張的思潮受到禁錮，法律可以修訂，正如同對於相同法條的解釋，不同的解釋人有不同的解釋立場及解釋結果。世事常變，是不變的真理，日本只有承認必須有平衡極端主義政客之政治行爲的機制，必須透過社會化的過程將和平的意念深植人心，否則以日本所處的地緣環境，及其國土多山、多地震、多人、缺少耕地、缺少平原等島國的地理現象，日本會再等待、或製造機會尋找生命的出口，釋放囤積的能量。

當日本首相仍不顧周邊國家的觀感到供奉有第二次世界大戰甲級戰犯位於東京的靖國神社參拜，仍在談論有能力製造核武，仍在藉「美、日防衛合作指南」對「周邊事態」的界定遊走發展軍備的模糊地帶時；也顯示出日本從未真正的努力改善與東亞國家的實質友誼，或從戰前歸屬於西方的夢幻中回到日本是東亞國家的現實，如果不承認其地緣上的宿命，日本想要進入東亞透過和平的方式獲取國家利益，其困難度以可意料。

如前述，1997 年 9 月 23 日美日簽署的新「防衛合作指南」中，對「日本周邊」的界定引起東亞地區國家的質疑及爭論，但值得關切的是日本對此事的立場，反映了日本遮掩、閃躲的姿態，正因爲日本在解釋上的反覆，更突出日本在此一事件中真實的目的；日本內閣總理橋本龍太郎在簽署「防衛合作指南」前曾表示「美日草擬修正的安保體制防衛範圍將包括台灣與南沙群島」，此一解釋引起了中國的關切，面對中國的壓力，自民黨幹事長加藤紘一於同年 6 月中旬在北京又表示日本周邊指的是朝鮮半島，日本外務省政務次官高村正彥 7 月 17 日在北京也表明日美防衛合作指針「未將台灣海峽設定爲日本周邊事務之範圍」。日本行政官員在中國的表態，卻受到國內的否定，日本內閣官房長官泥山靜六於 7 月 25 日在首相官邸舉行的記者會上認爲加藤紘一的說法「有損國家利益」。7 月 31 日日本外務大臣亦公開表示安保條約範圍所稱之「遠東」，包括菲律賓以北的台灣，此一定義並未改變。

其實美日簽署新「防衛合作指南」的前一年，即 1996 年 4 月 17 日美國總統柯林頓在與橋本龍太郎於日本舉行的共同記者會上就說明「安全保障宣言不僅保護日本，也包括亞太地區，因此台灣亦應置於此一安全保障的保護之下」；當天柯林頓在日本國會演說時也強調「日本在共同宣言中堅持美日間相互安全保證的架構，並且再確認維持現代防衛力量的基本態勢；美國則爲了保證日本的安定、區域的安定，今後將在東亞維持十萬兵力」。「防衛合作指南」的主導權在美國，日本只扮演一個完全不反對而且積極贊成的角色，美國都已將「包括亞太地區的保障，台灣亦應置於此一安全保障的保護之下」說的很明白，而日本卻還要掩蓋其軍事擴張的企圖，對「周邊」範圍的規模反反覆覆。從有關美日新「防衛合作指南」中「周邊」的解釋，很清楚的顯示日本的政治態度，日本在憲法未修正前仍企圖運用軍事力量，影響東亞事務，但又擔心周邊國家對其軍事擴張的不滿，因此否定其企圖，只是這個否定又被另一個否定所否定。遮遮掩掩的結果，只是讓東亞國家更清楚日本的真實目的而已。令日本遺憾的是，日本已處在一個全球化逐漸形成的世代，既使日本期待但日本想要再成爲一個軍事大國已非易事。

全球化與日本的政策選擇

國際關係的歷史不斷證明，每一個國家都有尋求擴張的天性，企圖站在支配的地位擴大國家影響力。在「物競天擇、適者生存」的歷史進程中，日本曾經崛起於東亞，但也在「物競天擇、適者生存」的相同歷史進程中，退出了競爭市場。如同在大歷史中的帝國興衰，時代環境迴異，歷史的事件會重演但歷史的主角卻很難重複；此外在全球化的新時代，已沒有任何一個國家能獨行其事，以先行者自居、以使命感爲理由一意孤行。即使新全球霸權的美國，在使用軍事武力干預國際事務時也需要盟國的協助，何況是日本。

全球化的時代有幾個特質：文化穿透力強、資訊快速流通、高互動性且相互干預、資源共享、國內事務與國際事務共生並互爲因果、人民相互遷移、國家忠程度模糊、多元化的價值觀，及國家主權削弱、經貿利益不再依附於國家安全之下成爲國家執行外交政策的工具、國家與市場的關係角色互換，市場不再是聽令於國家[1]；在全球化的時代想要以貿易保護維持經濟鎖國，已完全沒有機會。全球化的另一個獨特的現象是，全球化使國際關係產生質變，全球化對於現存的強權有助於其地位的維持，當一個強權國家已能主控其它依附或非依附國之軍事、經濟、文化等有可能造成綜合國力提升的工具時，依附或非依附於強權的國家想要崛起成爲新強權，只能依賴現存強權的自毀，被自然規則淘汰等機會。也就是說，一旦全球化發展成熟後，日本想要成爲強權，只能等待美國、中國自毀或被自然規則淘汰，否則沒有機會。

雖然，初階的全球化仍受制於一些傳統的主權觀點，也就是說全球化在某些部分可以解決地緣戰略的問題，但在國家主權仍主宰國際社會結構之組成及運作時，由地緣戰略所牽動的戰略思想，也仍會受到該國歷史、文化、地理環境所支配。日本想要在全球化成熟前成爲強權，最後的機會是必須在全球化初階階段進入準強權的地位，但日本是否有可能成爲一個準強權，除了上述有關全球化時代的國際關係特質外，再從強權必須具備的基本條件檢視日本的未來：強勢的文化，軍事、經濟實力；能主動的發動一場有勝算的戰爭；能對付敵方主動發起的戰爭而且獲得勝利；對國家安全的威脅反應靈敏，並能做出有效之處理；強大的綜合國力，人民有強烈的強權意識；有能力對敵人進行一場不對稱的戰爭；改變現有的國際體系之強烈企圖心及意志力；能主控「權力平衡」的機制。上述幾項準強權必須具備的條件並不符合目前日本的現況。

因此當全球化發展成熟後，國際關係的遊戲規則由強權決定，軍事器械只有強權能供應時，其意義就是在相當的時期內強者恆強，弱者恆弱。現階段日本仍不具備準強權的條件，做爲全球化的依附者，日本很難從全球化的依附者身分轉變爲全球化的支配者，日本在全球化中的地位，已明顯的在主從關係上，扮演從屬的角色，無法成爲新強權。

日本在全球化形成之前由於貿易壁壘，創造了經濟實力，但在全球化後卻缺乏經濟潛能。雖然 2001 年 7 月 6 日日本內閣通過並發表了「21 世紀擁有一支精銳強大的自衛隊」，說明日本要繼續擴大軍備，更新軍事裝備並組建快速反應部隊。但日本受限於自身的條件，其軍事能力仍將等同於中等強國的軍事實力，具有嚇阻力，但卻無法也無能力與操控權力比重的軍事區域強權相比。此外，第二次世界大戰所帶來的傷痛及罪惡感仍殘留部分人民的心底，而這批人正高居社會意見領袖之位，日本國民戰爭意志已無法與戰前相比；日本想再度發動一場侵略戰爭，除非現存的國際結構與環境完全改觀，東亞國家再回到虛弱、被強權分割的局面，而日本又能再度恢復到高度中央集權及綜合國力無與倫比的年代，否則目前即使有強權意識，日本人民也僅能藏留心底。

由於歷史殷鑑不遠及憲法第九條明文的約束，日本政府無法爲擴建軍事武力正名，只能以表達意見的方式做合理化的陳述；全球化之前日本依賴美國的保護，全球化之後日本雖與美國提升爲夥伴關係，但仍受制於地緣、人文、法律環境的牽制。日本文化受儒家文化的影響深遠，中國是儒家文化的宗主國，如果儒家文化是全球化中的強勢文化，受惠的是中國，不是日本。日本的天皇在法律的定義上僅存象徵的意義，天皇想恢復戰前的實質地位再做日本政、軍、經的中樞，機率極低。因此，日本即使想在全球化初階階段進入準強權的地位也有一定的困難。

做爲美國的追隨者，日本與美國聯盟的真正目的值得關切，如從地緣政治的觀點推論，對日本可能產生威脅的國家有中國、韓國、俄國，實際上，美國對日本沒有地緣上的戰略意義，但日本卻可以協助美國防止中國的崛起，可以將美國圍堵中國的防線推進至渤海、黃海、東海及琉球群島，日本作爲美國在東亞地區的代理人，其地位不可能與美國真正的平等，一旦日本遭受外來軍事威脅時，美國可以提供日本的安全保障僅是依據美日安保條約給予必要之支援。因此日美同盟對日本最大的利益在於日本可以透過與美國的合作，使發展軍備可以避開軍國主義標籤的約束。但是日本卻忽略了，日本賴以維生的海上生命線，從波斯灣經馬六甲海峽，琉球群島到日本本土，卻控制在東協及中國等東亞國家的手上，這些國家曾受過日本的侵略，也與美國有文化價值上的差異，有些國家人民甚至反美。

戰前東亞地區是一個被殖民的國家，經濟不能自主，生產方式受制於殖民宗主國，日本戰前之經濟實力得利海外擴張政策，軍隊是經濟發展的先鋒隊。戰後此一趨勢開始大幅逆轉，殖民國家獨立，他們從依附宗主國之殖民式型態的經濟體轉化成獨立運作的經濟體，並且從小農社會轉化成工業社會，或邁入資訊工業社會。其中變化最大的是曾經被日本侵略或殖民的兩個國家——中國、韓國，1980 年代中國進行改革開放後，經濟實力大幅躍升，韓國則從本世紀起跨入資訊工業社會。90 年代冷戰結束，全球戰略局勢變化的最大特點之一是亞洲經濟的崛起，這是日本政治、軍事、經濟一面倒向美國時完全未能預料的情景。20 世紀末包括東亞地區在內的亞洲國家生產總額已占世界一半左右，經濟實力提升了綜合國力，並因此引發全球戰略結構的重組，此一現象表現在國際事務上的特徵爲：亞洲各國間的權力平衡比重快速變化，俄羅斯、日本勢力衰退，中國、印度躍升，未來的一段時間內其趨勢仍將如此。

現實主義者主張國家對外政策是基於國家利益評估後的選擇，而此一評估應以理性爲基礎。理性的外交政策則奠基於理性的決策機制及決策人或決策群體；但人的主觀意識及情緒經常錯誤的詮釋了理性，膨脹了自我的評估，其實在追求國家利益原則下，任何國家都有優先順序的政策計畫；作爲採取現實主義爲外交政策的國家，日本當然也不例外，日本在評估國家利益時，優先選擇一面倒向美國，日本忽略了在東亞國家興起後，相對的顯現其權力的局限性，即使它依附美國之下亦無法改變這個現象。

日本的地位隨著全球戰略結構的重組而有新的定位，美國將戰略重心從歐洲轉向亞洲，日本被美國視爲重要的地區代理人，但在現存的權力結構中，美國雖然綜合國力排序第一，但在高度的全球相互依存關係中，它仍需依賴其它地區強權的善意合作，才能有所作爲；另由於中國的崛起，東亞地區的國家國力增強及相互微妙的權力互動，日本可以運作的權力空間其實很小。對美國或日本而言，中國不僅是一個「維持現狀的強權」，而且是一個想要改變權力平衡態勢的強權，它是美國的「競爭者」而非「戰略夥伴」。做爲中國的鄰居，日本不宜緊隨美國的觀點視中國爲權力「競爭者」，不論日本對中國的觀感如何，都應建立一套自己對中國的價值觀，日本應承認自己屬於東亞，承認只有與包括中國在內的東亞地區國家互助合作，才能得到最大的國家利益，遺憾的是日本在「權力平衡」的天平上選擇了一個遠在美洲的國家，一如明治天皇時代決定去亞入歐，這次是輕亞親美。

權力平衡是現實主義的一個重要觀點，任何一個主張現實主義的國家都會在國際體系的權力結構中，尋求對本國最大的利益。因此，日本認爲一面倒向美國，是其維護國家利益的最佳選擇，但在冷戰之後，美國雖然具有全球強權的地位，但它仍需依賴地區強權的合作，才能有效的行使權力；做爲美國在本地區的區域代理人，日本面對的是逐漸強大的中國，無法表現出被美國期望的影響力，尤其當日本的經濟優勢地位不再存在後，日本的在本地區有效的活動範圍將更爲狹窄。這是歷史發展的必然規律，日本只能順此規律調整政策，要想逆勢操作，只會使自己陷入泥沼。日本最大的宿命就在於此，作爲一個東亞的國家，但卻捨棄東亞，作爲一個過氣的強權，但卻想依附另一個強權，表示自己仍是強權。

很明顯的，不論對內或對外，日本都是一個典型喜歡操作「權力平衡」的國家；從明治時代起，「權力平衡」就開始在日本的權力場上不斷的運作。明治天皇初登大位爲了穩固政權，藉長州、薩摩兩藩消滅幕府的勢力，藉「大政奉還」及「王政復古」運動結束德川幕府的統治，使自己獲得完整的統治權。當受到列強侵略剝奪日本利益時，日本解決這一問題的方法是如同 1855 年吉田松陰所說的「與俄美條約簽訂，只宜嚴守章程，加強信義，並趁此培養國力，分割易於攻取之朝鮮、滿州、中國，將同俄美交易中的損失，復以朝鮮、滿州土地補償之」，從朝鮮、滿州、中國等地補償了對列強所失去的。昭和天皇繼承大統後先以「三羽烏」爲核心的巴登巴登集團及大學寮的勢力，削除傳統軍事官僚在陸海軍的勢力，並因此而能隨心所欲掌控軍部遂行己意。第二次世界大戰戰敗之前，又企圖運用蘇聯的影響力去平衡美、英，以獲取戰敗後的最好待遇；內閣的更換，陸軍大臣一個換一個，這些都是忠於自己的集團圈內，爲了平衡部屬之間的鬥爭，爲了掩飾自己對戰爭的干預，換人成爲最好的手段。不論在國內還是對外，日本都是一個運用權力平衡的高手，這種喜愛過度運用權謀的特質也正是日本在國家政策上最不穩定的因素。

註釋

[1]Jacques Adda 著，何竟、周曉辛譯，《經濟全球化》（台北：米娜貝爾，2000），頁 33-35。

結論

日本從明治維新之後的國政發展，狂潮迭起，並在亞洲掀起千丈高浪，直至 1945 年 8 月 6 日上午 8 點 15 分廣島在原爆中全毀後畫下這一階段的句點，時至今日，雖然日本再度躍上國際政治舞台，而廣島也已從廢墟中重建，成爲一個全新且耀眼的城市，但是廣島在廣島人的記憶深處，如同日本在日本人的心中，仍複雜的存在著些許悲情及些許自強的豪情，在廣島處處可見代表悼念的千羽鶴，及「不再有廣島（事件）」（No More Hiroshima）的政治標語，紙屋町有新穎的地下購物街，黃昏時的街道亮麗，人民往來於此。

廣島人想要忘掉原爆悲慘的過去，但卻又時時提醒人民原爆的過去，這種矛盾反映在廣島一心要蛻變爲一個現代化的都市，但原爆紀念公園及城市各處卻散落著與原爆有關的紀念物、紀念碑、紀念牌，甚至宣傳品。原爆的歷史，帶給廣島市爲數可觀的觀光收益，但伴隨收益而來的是外人的憐憫，廣島人永遠在這種想遺忘卻又不能遺忘的掙扎中反覆情緒，如同日本戰後在美國保護傘下全力發展經濟，但當經濟成就造就光鮮亮麗的新容貌後，又牽引出無比的自信要再度建設強大的軍隊，要建軍但又必須遮掩這根觸動東亞國家敏感的神經，因此不斷的在前進、觀望、顧慮的情緒中掙扎。

當聯合國科教文組織（UNESCO）於 1996 年 12 月 5 日通過日本及廣島市多年來積極的爭取而將原爆紀念建築（A-bomb Dome）列爲世界遺產（World heritage）時，廣島已註定與悲情相連，永遠相隨。同樣的，身處東亞的日本不斷的想「脫亞」入歐美，戰敗的日本在內心深處仍自認是東亞地區國家階級中的上層，因此在東亞地區興起的今天，日本存在著兩難的情緒反應，要心服的承認中國的地區強權角色，還是自認自己仍是東亞正義的化身。

人間事不正如此，命運在爭鋒中主宰一切，並做了最後的仲裁，廣島市得到了擁有世界遺產的榮耀，但卻永遠要背負悲情。正如同有爲數可觀的觀光收益，但卻要不斷的提供吸引觀光客的原爆實情，這對想努力遺忘受難者形象的城市而言，正是一大弔詭。廣島積極爭取所獲得的，卻是廣島想積極揚棄的；日本戰後得到了美國的赦免，但卻必須做美國在此一地區的代理人，一體兩面的道理，千古不變。

對於日本發展軍備的企圖，最尷尬的是廣島市民，第二次世界大戰之後，基於廣島在戰爭武器對人類威脅及殺傷力上有代表性的意義，因此廣島逐漸演變成爲一個全球化反核運動的符號，另一方面，它也成爲日本政府面對軍備擴張時無法逃避的障礙；廣島是全世界反核武陣營最具標籤化的城市，也是贊成核武陣營刻意迴避的城市。當日本政府高論有能力製造核武時，廣島市民沒有發出任何足以發聾振聵的聲音，廣島閃避對自己政府擴張軍備的責難，但卻又在國外各種場合不斷的訴求被原子彈轟炸的災難，悲情且高道德的強調人類需要永續的追求和平，1995 年 8 月 6 日廣島市市長平岡敬，在平和紀念大會上發表「和平宣言」[1]，其中一段話是最好的寫照：「假如人類仍對未來持有期望，我們必須以具有勇氣的行動，努力做到非核世界，在亞太地區全面的停止核試，建立一個非核區」，「核武必不然會帶來國家的安全，核武技術的擴散將危及人類的安全」[2]。日本政府想公開的恢復軍事建設，但又不得不在廣島原爆平和紀念大會上，一再重申和平的重要及不斷重複日本被不公平的原爆轟炸，廣島的典型口號是「不再有廣島（事件）」，但從不說「不再有戰爭」或「不再有侵略」；而且，廣島從未大聲、積極且實質的公開反對美國無數次的核子試爆，正如同日本的政府，從不公開反戰，從未忘記要建設一支強大的「自衛隊」，也從未放棄要重登亞洲強權的舞台，東京當局完全不反對美國於 2002 年時主張對某些國家要首先使用核武的政策，日本主觀上仍願依附美國並願做美國在亞太地區的代理人，毫不顧忌亞太國家的反應。

基於戰前日本軍部的戰爭手段，我們有理由相信假如日本當時先發展出原子彈，他們會毫不猶疑且立即的使用它。

戰後日本對戰爭的反省並非出自公民社會的理性檢討，而是被動的被要求而有的行爲，這點與戰後的德國差異甚大，這也是爲何在廣島平和公園內的原爆紀念館中有關原爆大事記，只敘述廣島的悲慘而不提任何被原爆的原因。其實廣島的原爆紀念與日本戰後的非戰憲法之深層意義也就在於此，它們只是一個符號，是軍國主義者與世界愛好和平的人民共同重視的符號，軍國主義者刻意迴避，愛好和平者刻意強調。正如同靖國神社是個符號性的地點，是雙方共同爭奪的地標，是內閣總理政治立場表態的地方，因此，有人選擇去參拜，有人迴避。此外，廣島最應該抗議的是戰爭，而不是被原爆，但是廣島又有什麼理由爲自己的被轟炸而提出道德上的控訴，正如同日本，最應該抗議的是強力操控國際運作及主張首先使用核武的強權，而不是配合強權在亞太地區的權力運作，做代理人；廣島的災難來自日本自發性的侵略戰爭，原爆只是結果，日本未來如有災難，它將是來自於日本未能正確定位自己的國家路線，而仍期望恢復強取、強奪之殖民地時代的榮耀。

廣島的未來與日本的未來完全結合，它不可能以一個獨立的個體城市方式存在，不論是被視爲同情還是視爲教訓，原爆的經驗使廣島成爲世界矚目的焦點，不論日本政府願不願意，日本未來都將與全球化緊密的連結，一個依賴國際貿易發達經濟實力及維持社會運作的國家，不可能有機會再一意孤行的按其主觀意識行事；當日本的全球化程度愈深，它受國際社會規範的程度就愈高，再成爲軍國主義國家的可能性就愈低。日本如仍企圖在這個世紀，刻意忽略地緣位置、環境，離東亞而近歐美，其效果將完全不同於第二次世界大戰之前的年代；環境在變，軍事上的船堅炮利已非少數國家所能獨享，在一個連恐怖組織都可以打擊強權威信的時代，日本即使復辟了軍國主義，又能做什麼？何況東亞地區的客觀環境於第二次世界大戰前已完全不同。

日本憲法第九條的規定，其實不需視其爲防止日本發展軍備的致命武器，即使沒有第九條的約束，日本又真能成爲一個影響東亞，主宰區域權力的強權，令人懷疑。歷史上，強權興盛、敗亡，權力被接替是常態，羅馬帝國、蒙古帝國、葡萄牙、西班牙、奧圖曼帝國、奧匈帝國、大英帝國等都是帝國歷史宿命最好的實例。也就是說，從環境及變遷的角度看日本，日本都不再會出現第二次世界大戰前的光榮景象，日本政府又何需不斷的在軍備實力、區域影響力、海權擴張上打轉，轉來轉去的結果只會造成東亞國家對其歷史記憶的重新浮現，放棄虛無的帝國幻想，才是日本立國之道。

註釋

[1]1995 年和平宣言的重點為：「原子爆弾は明らかに国際法に違反する非人道的兵器である／アジア・太平洋における新たな非核地帯の設定を求める／共通の歴史認識を持つために被害と加害の両面から戦争を直視すべき」。參閱：宇吹暁著，《平和記念式典の歩み》，平和図書（No.8），財団法人広島平和文化センター刊。

[2]原文：「人類が未来に希望をつなぐためには、今こそ勇気と決断をもって核兵器のない世界の実現に取り組まなければならない。私たちは、その第一歩として核実験の即時全面禁止とアジア・太平洋における新たな非核地域の設定を求める。」「核兵器の保有は決して国家の安全を保障するものではない。また、核兵器の拡散や核技術の移転、核物質の流出も人類の生存を脅かす。」

參考書目

一、中文部分

〈「有事法制」啓動日本軍事潛力自衛隊可出兵作戰〉。《中國青年報》，2002年4月9日。

〈日本「有事法制」的來龍去脈〉。《中國時報》，2003年6月6日。

Adda, J. 著，何竟、周曉辛譯（2000）。《經濟全球化》。台北：米娜貝爾。

天野郁夫（1995）。〈高等教育的大眾化與結構變動〉。《教育研究資料》，3（7），台北：台灣師範大學。

王兆荃譯（1988）。《政治哲學引論》（*An Introduction to Political Philosophy, A.R.M.*）。台北：幼獅文化事業公司。

宋成有（2001）。《日本十首相傳》。北京：東方出版社。

李恩涵，〈日軍南京大屠殺的屠殺責任問題〉。1990年5月，《日本侵華研究》，2期。

李榮安（1997）。〈日本的教育與發展〉。《外國教育資料》，6期，總142期（26卷）。上海：華東師範大學。

金一南（2001）。〈遠東的陰謀——「九、一八」背後」〉。《世界軍事》，2001 年 10 月。

陳永明（1998）。〈日本面向廿一世紀教改的三大趨勢〉。《外國教育資料》，4 期，總 146 期（27 卷）。上海：華東師範大學。

趙曉春（1998）。《百代盛衰——日本皇室》。北京：社會科學文獻出版社。

二、英文部分

A Decade of American Foreign Policy: 1941-1949, Basic Documents(1950). Washington, DC: Historical Office, Department of State; U.S. G. P. O. .

Akami, T. (2002). *Internationalizing the Pacific: The United States, Japan, and the Institute of Pacific Relations in war and peace, 1919-45.* New York: Routledge.

Alperovitz, G. (1994). *Atomic diplomacy: Hiroshima and Potsdam: The use of the atomic bomb and the American confrontation with Soviet power*. London: Boulder.

Alperovitz, G. (1995). *With assistance of Sanho Tree, The decision to use the atomic bomb and the architecture of an American myth.* New York: Knopf.

Barnhart, M. A. (1987). *Japan prepares for total war: The search for economic security, 1919-1941*. Ithaca: Cornell University

Press.

Best, A. (1995). *Britain, Japan and Pearl Harbor: Avoiding War in East Asia, 1936-41*. New York: Routledge.

Brown, H., Armitage, R. L., Stokes, B., & Armitage, J. J. S. (1998). *The tests of war and the strains of peace: the U.S.-Japan security relationship: a report of an independent study group sponsored by the Council on Foreign Relations*. New York: Council on Foreign Relations.

Byrnes, James B. (1977). (interviewed by George M. Goodwin, [1976]), *James B. Byrnes: oral history transcript*. Los Angeles, Oral History Program, University of California, Los Angeles.

Christman, A. (1998). *Target Hiroshima: Deak Parsons and the creation of the atomic bomb*. Annapolis, Md. : Naval Institute Press.

Coaldrak, W. H. compiled and edited (2003). *Japan from war to peace: The Coaldrake records 1939-1956*. New York: Routldege Curzon.

Cook, H. T. & Cook, T. F. (1992). *Japan at war: an oral history*. New York: New Press.

DiFilipp, A. (2002). *The challenges of the U.S.-Japan military arrangement: competing security transitions in a changing international environment.* Armonk, New York: M. E. Sharpe.

Ferrell, R. H. (ed.) (1996). *Harry S. Truman and the bomb: A documentary history*. Worland, Wy. : High Plains Pub.

Ferrell, R. H. (ed.) (1997). *Off the Record - the Private Papers of Harry S. Truman.* University of Missouri Press.

Goodman, D. S. G. (2000). *Social and political change in revolutionary China: The Taihang Base Area in the War of Resistance to Japan, 1937-1945.* Lanham: Rowman & Littlefield Publishers.

Gosling, F. G. (1994). *The Manhattan Project [microform]: Making the atomic bomb.* Washington, D. C. : History Division, Executive Secretariat, Human Resources and Administration, Dept. of Energy.

Gowing, M. & Arnold, L. (1979). *The atomic bomb.* London: Boston: Butterworths.

Groves, L. R. (1962). *Now it can be told; the story of the Manhattan project.* New York: Harper.

Haulman, D. L. (1999). *The U.S. Army Air Forces in World War II: Hitting home: the air offensive against Japan.* Washington, D.C.: Air Force History and Museums Program; Supt. of Docs., U.S. G.P.O., distributor.

Henry Stimson letter to Vannevar Bush, 5/4/45, Bush-Conant Files, RG 227, microfilm publication M1392, roll 4, folder 19, National Archives, Washington, DC.

Hiroshima Castle, General Information 2002, published by Hiroshima City.

Hsiung, J. C. & Levine, S. I. (eds.) (1992). *China's bitter victory: The war with Japan, 1937-1945*. New York: Armonk.

Itoh, M. (1998). *Globalization of Japan-Japanese Sakoku Mentality and U.S. Efforts to open Japan.* London, Macmillan Ltd.

Kosakai, Y. (1996). *Hiroshima Peace Reader.* Hiroshima Peace Culture Foundation, Japan.

Kunetka, J. W. (1979). *Los Alamos and the birth of the Atomic Age, 1943-1945.* Albuquerque: University of New Mexico Press.

Lawren, W. (1988). *The general and the bomb: a biography of General Leslie R. Groves, director of the Manhattan Project*. New York: Dodd, Mead.

Levine, M. (2000). *Enola Gay.* Berkeley, Calif.: University of California Press.

Liebow, A. A. (1971). *Encounter with disaster; a medical diary of Hiroshima.* New York: Norton.

Los Alamos: beginning of an era 1943-1945. LASL's Public Relations Office, Los Alamos, N.M.: LASL, 1967.

Machiavelli (ed.) (1998). by Maurizio Viroli, Oxford.

Machiavelli, N. (1985). *Discourses.* tr. by Leslie J. Walker and Bernard Crick, Viking.

Machiavelli, N. (1999). *The Prince.* tr. by George Bull, Penguin.

Manhattan project [microform]: official history and documents. Washington, D.C.: University Publications of America, 1977.

Mansfield, H. C. (1998). *Machiavelli's Virtue.* Chicago.

Mayo, M. J. & Rimer, J. T. with Kerkham, H. E. (ed.) (2001). *War, occupation, and creativity: Japan and East Asia, 1920-1960.* Honolulu: University of Hawaii Press.

Medeiros, E. S. (2001). *Ballistic missile defense and northeast Asian security: Views from Washington, Beijing, and Tokyo.* Muscatine, IA: Stanley Foundation; Monterey, CA: Center for Nonproliferation Studies, Monterey Institute of International Studies.

Memorandum on the use of S-1 Bomb. Harrison-Bundy Files, RG 77, microfilm publication M1108, folder 77, National Archives, Washington, DC.

Messer, R. L. (1982). *The End of an Alliance: James F. Byrnes, Roosevelt, Truman and the Origins of the Cold War.*

University of North Carolina Press.

Mitarai, S. (1994). *Before Black Ships: the origin of U.S. foreign policy & negotiations towards Japan.* Tokyo: Daiichi Shobo.

Mochizuki, M. M. (ed.) (1997). *Toward a true alliance: restructuring U.S.-Japan security relations.* Washington, D.C.: Brookings Institution Press.

Muraoka, K. (1973). *Japanese security and the United States.* London: International Institute for Strategic Studies.

News Releases/Reference Number: No. 092-95/United States Department of Defense/February 27, 1995.

Notes of the Interim Committee Meeting, Friday 1 June 1945. Correspondence of the Manhattan Engineering District, 1942-1946, RG 77, microfilm publication M1109, file 3, National Archives, Washington, DC.

Oberdorfer, D. (1998). *The changing context of U.S.-Japan relations.* New York: Japan Society.

Ogura, K. (ed.) (1995). *Hiroshima handbook.* Hiroshima: The Hiroshima Interpreters for Peace.

Orr, J. J. (2001). *The victim as hero: ideologies of peace and national identity in postwar Japan.* Honolulu: University of Hawaii Press.

Osius, T. (2002). *The U.S.-Japan security alliance: why it matters and how to strengthen it.* Westport, Conn.: Praeger: Published with the Center for Strategic and International Studies, Washington, D.C..

Public Papers of the Presidents of the United States-Harry S. Truman, Vol. I, (1945), Washington, D.C.: U.S. G.P.O., 1961-1966.

Rhodes, R. (1986). *The making of the atomic bomb.* New York: Simon & Schuster.

Robertson, D. (1994). *Sly and Able: A Political Biography of James F. Byrnes.* New York: Norton.

Sbrega, J. J. (1989). *The war against Japan, 1941-1945: an annotated bibliography.* New York: Garland.

Schaller, M. (1985). *The American occupation of Japan: the origins of the cold war in Asia.* New York: Oxford University Press.

Select list of material on Japanese peace treaty. Canberra, Commonwealth National Library (Australia), 1952.

Shohno, Naomi: Translated by Tomoko Nakamura and adapted by Jeffrey Hunter, *The legacy of Hiroshima: its past, our future.* Tokyo: Kosei Pub, 1986.

Skates, J. R. (1994). *The invasion of Japan: alternative to the bomb.* Columbia, S.C.: University of South Carolina Press.

The United States, Japan, and the future of nuclear weapons, Report of the U.S.-Japan Study Group on Arms Control and Non-Proliferation after the Cold War, co-sponsored by The Carnegie Endowment for International Peace [and] International House of Japan, Washington, DC: Carnegie Endowment for International Peace, 1995.

Thomas, G. (1977). *Enola Gay*. New York: Stein and Day.

Tolliday, S. (2001). *The economic development of modern Japan, 1868-1945: from the Meiji restoration to the Second World War*. Cheltenham; Northampton, MA: Edward Elgar.

Toyofumi, Ogura: Translated by Glyndon Townhill(1994). *The atomic bomb and Hiroshima*. Tokyo: Liber Press.

Wainstock, D. D. (1996). *The decision to drop the atomic bomb*. Westport, Conn.: Praeger.

Ward, P. D. (1979). *The threat of peace: James F. Byrnes and the Council of Foreign Ministers, 1945-1946.* Kent, Ohio: Kent State University Press.

We Were Anxious To Get the War Over, U.S. News and World Report, 15 Aug. 1960.

Werrell, K. P. (1996). *Blankets of fire: U.S. bombers over Japan during World War II.* Washington: Smithsonian Institution Press.

Westwood, J. N. (1986). *Russia against Japan, 1904-1905: A new look at the Russo-Japanese War*. Albany: State University of New York Press.

Wetzler, P. (1998). *Hirohito and war: Imperial tradition and military decision making in prewar Japan.* Honolulu: University of Hawaii Press.

Wyden, P. (1984). *Day one: Before Hiroshima and after*. New York: Simon and Schuster.

York, H. F. (1989). *The Advisors: Oppenheimer, Teller, and the Superbomb*. Stanford, Calif.: Stanford University Press.

三、日文部分

〈有事法制 3 法が成立，戦後初、「戦時体制」を整備〉。《朝日新聞》，2003 年 6 月 7 日。

ピーター・ウエッツラー著，森山尚美訳（2002）。《昭和天皇と戦争：皇室の伝統と戦時下の政治・軍事戦略》（*Hirohito and war: Iimperial tradition and military decision making in prewar Japan*）。東京：原書房。

土門周平（1982）。《最後の帝国軍人──かかる指揮官ありき》。東京：講談社。

大川周明（1939）。《日本精神研究》。東京：明治書房。

大川周明（1943）。《大東亞秩序建設》。東京：第一書房。

大政翼贊會（編）（1941）。《大政翼賛会実践要綱の基本解説》。東京：大政翼贊會宣伝部。

大隈秀夫（1966）。《明治百年の政治家——伊藤博文から佐藤栄作まで》。東京：潮出版社。

山本七平（1995）。《昭和天皇の研究——その実像を探る》。東京：祥伝社。

山田朗（1994）。《大元帥・昭和天皇》。東京：新日本出版社。

山田朗（2002）。《昭和天皇の軍事思想と戦略》。東京：校倉書房。

山内敏弘（編）（2002）。《有事法制を検証する：「9・11以後」を平和憲法の視座から問い直す》。京都：法律文化社。

川田敬一（2001）。《近代日本の国家形成と皇室財産》。東京：原書房。

川田稔（1998）。《原敬と山県有朋：国家構想をめぐる外交と内政》。東京：中央公論社。

川崎克（1941）。《欽定憲法の眞髓と大政翼贊會》。東京：固本盛國社。

中央公論社（1984 年 12 月）。《增刊歷史與人物》，中央公論社。

井上清（1989）。《昭和天皇の戦争責任》。東京：明石書店。

井上清著、宿久高等（1984）。《日本帝國主義的形成》。北京：人民出版社。

木村時夫（1996）。《北一輝と二・二六事件の陰謀》。東京：恒文社。

水島朝穂（2003）。《世界の「有事法制」を診る》。京都：法律文化社。

片山清一編（1974）。〈山縣有朋關於教育敕語的談話筆記（1916 年 11 月 26 日）〉。《資料・教育敕語》。高陵社書店。

加藤典洋、橋爪大三郎、竹田青嗣（2000）。《天皇の戦争責任》。東京：径書房。

北一輝（1950）。《國體論；天皇主權、萬世一系、君臣一家、忠孝一致の俗論の批判》。東京：北一輝遺著刊行會。

北一輝（1959）。《支那革命外史；国家改造案原理大綱，日本改造法案大綱》。東京：みすず書房。

北一輝（1959）。《國體論及び純正社會主義》。東京：みすず書房。

永井和（2003）。《君主昭和天皇と元老西園寺》。京都：京都大学学術出版会。

永井憲一（編）（1996）。《戦後政治と日本国憲法》。東京：三省堂。

田中彰（1985）。《高杉晋作と奇兵隊》。東京：岩波書店。

石井秀雄（1932）。《軍事的發展過程と皇室》。東京：高原書店。

石尾芳久，（1979）。《大政奉還と討幕の密勅》。東京：三一書房。

伊藤仁太郎（1929）。《佐久間象山・吉田松陰・高杉晋作・原敬》。東京：平凡社。

伊藤仁太郎（1930）。《木戸孝允》。東京：平凡社。

伊藤真（1999）。《憲法》。東京：弘文堂。

伊藤博文（1889）。《帝國憲法皇室典範義解》。東京：國家學會。

伊藤博文（1967）。《機密日清戦争》。東京：原書房。

伊藤博文（1970）。《兵政関係資料》。東京：原書房。

伊藤隆、廣橋眞光、片島紀男編（1990）。《東條内閣総理大臣機密記録——東條英機大將言行録》。東京：東京大学出版会。

吉田裕（1992）。《昭和天皇の終戦史》。東京：岩波書店。

吉田裕（1995）。《敗戦前後：昭和天皇と五人の指導者》。

東京：青木書店。

宇吹暁。《平和記念式典の歩み》。平和図書（No.8），財団法人広島平和文化センター刊。

安田浩（1998）。《天皇の政治史：睦仁・嘉仁・裕仁の時代》。東京：青木書店。

成瀬恭（1991）。《歪められた国防方針：昭和天皇と陸海軍》。東京：サイマル出版会。

佐々木克（1998）。《大久保利通と明治維新》。東京：吉川弘文館。

佐藤美奈子（2001）。〈「東洋」の出現──北一輝「支那革命外史」の一考察、政治思想学会〉，《政治思想研究》，第1號，2001年5月。

佐藤美奈子（2002）。〈北一輝の「日本」──「国家改造案原理大綱」における進化論理解の変転〉，。《日本思想史学》，第34號，2002年9月。

村上兵衛（1987）。《桜と剣──わが三代のグルメット》。東京：光人社。

角田順（昭和 46 年 4 月）。《石原莞爾資料──國防論策篇》。東京：原書房株式會社。

赤木須留喜（1984）。《近衛新体制と大政翼賛会》。東京：岩波書店。

赤木須留喜（1990）。《翼賛・翼壮・翼政》。東京：岩波

書店。

里見岸雄（1935）。《皇室典範の國體學的研究》。京都：里見日本文化学研究所。

岡義武（1958）。《山県有朋：明治日本の象徵》。東京：岩波書店。

岩崎育夫編，《アジアと民主主義——政治権力者の思想と行動》。アジア経済研究所。

林茂、辻清明（昭和 56 年 8 月）。《日本內閣史錄》（Vol. 1、2、3、4、5）。東京：法規出版株式會社。

松井茂記（2002）。《日本国憲法》。東京：有斐閣。

松本健一、高橋正衛編（1972 年 4 月）。〈論文・詩歌・書簡——関係資料雑纂〉，《北一輝著作集》，第 3 卷，みすず書房。

松岡洋右（1931）。《動く滿蒙》。東京：先進社。

松岡洋右（1940）。《興亞の大業》。東京：教学局。

松岡修太郎（1961）。《憲法講義：日本国憲法の原則と歷史》。東京：有信堂。

沼田哲（2002）。《明治天皇と政治家群像；近代国家形成の推進者たち》。東京：吉川弘文館。

波多野勝（1998）。《裕仁皇太子ヨーロッパ外遊記。東京：草思社。

社会批評社編集部（編）（1998）。《最新有事法制情報；

新ガイドライン立法と有事立法》。東京：社会批評社。

近代日本研究会（編）（1998）。《宮中・皇室と政治》。東京：山川出版社。

保阪正康（1979）。《東條英機と天皇の時代》。東京：現代ジャーナリズム出版会。

原口宗久編，《明治維新論集》。日本歴史 9，論集日本歴史刊行会・有精堂。

島善高（1994）。《近代皇室制度の形成：明治皇室典範のできるまで》。東京：成文堂。

神島二郎，〈国体論及び純正社会主義〉。《北一輝著作集》，第1巻，みすず書房，1959年3月。

梅渓昇（2000）。《軍人勅諭成立史》。東京：青史出版。

清水俊彦（1989）。《教育審議會之總合研究》。多賀出版。

笠原英彦（2001）。《歴代天皇総覧──皇位はどう継承されたか》。東京：中央公論新社。

野村浩一、今井清一（1959年7月）。〈支那革命外史・国家改造案原理大綱・日本改造法案大綱〉。《北一輝著作集》，第2巻。

野村實（1995）。《帝國海軍》。東京：太平洋戰爭研究室。

陸軍省編（1966）。《明治軍事史；明治天皇御伝記史料》。東京：原書房。

渡邊幾治郎（1936）。《明治天皇と軍事》。東京：千倉書房。

須山幸雄（1985）。《天皇と軍隊；明治篇；「大帝」への道・日清日露戦争》。東京：芙蓉書房。

飯田鼎（1984）。《福沢諭吉——国民国家論の創始者》。東京：中央公論社。

園田賚四郎（1889）。《大日本帝國憲法正解：附附屬諸法典日本憲法史英國憲法》。東京：博文舘。

塚本誠（1998）。《ある情報将校の記録》。東京：中央公論社。

鈴木正幸（1993）。《皇室制度：明治から戦後まで》。東京：岩波書店。

靖國神社やすくにの祈り編集委員会編著。《やすくにの祈り》。靖國神社やすくにの祈り編集委員会。

靖國神社社務所。《やすくに大百科～私たちの靖國神社》。靖國神社社務所發行。

靖國神社社務所。《靖國神社の概要》。靖國神社社務所發行。

靖國神社監修所。《ようこそ靖國神社へ》。靖國神社監修所編。

萩野由之（1918）。《王政復古の歴史》。東京：明治書院。

福沢諭吉（1962）。《文明論之概略》。東京：岩波書店。

福沢諭吉（1985）。《明治十年丁丑公論──瘠我慢の説》。東京：講談社。

廣島市役所（昭和 35 年 3 月 31 日）。《新修廣島市史》，第 7 卷，廣島市役所刊行。

廣島市役所（昭和 46 年 8 月 6 日）。《廣島原爆戰災誌》，第 1 卷，第 1 編，總說。廣島：廣島市役所。

藤村守美（1902）。《大日本帝國憲法講義》。東京：濟美館。

藤原懋謹（1894）。《軍人勅諭講義》。大阪：交盛館。

關直彥（1889）。《大日本帝國憲法》。東京：三省堂。

児島襄（1995）。《人間宣言》。東京：小学館。

国立国会図書館（編）（1996）。《皇室と華族》。東京：大空社，。

宍戸幸輔（1991）。《昭和 20 年 8 月 6 日 広島軍司令部壊滅》。東京：読売新聞社。

広田弘毅（1966）。《広田弘毅伝記刊行会編》。東京：広田弘毅伝記刊行会。

広岡裕児（1998）。《皇族》。東京：読売新聞社。

德富蘇峰（1981）。《明治三傑：西郷隆盛・大久保利通・

木戸孝允》。東京：講談社。

横田耕一（1990）。《憲法と天皇制》。東京：岩波書店。

浅井基文（2002）。《集団的自衛権と日本国憲法 》。東京：集英社。

芦部信喜（2002）。《憲法》。東京：岩波書店。

関幸夫（1995）。《天皇の戦争責任と君主論》。鎌ケ谷：白石書店。

亞太研究系列 24　　李英明、張亞中／主編

日本國政發展——軍事的觀點

著　　者☞ 張嘉中
出 版 者☞ 生智文化事業有限公司
發 行 人☞ 葉忠賢
總 編 輯☞ 宋宏智
登 記 證☞ 局版北市業字第 677 號
地　　址☞ 台北市新生南路三段 88 號 5 樓之 6
電　　話☞ （02）23660309
傳　　真☞ （02）23660310
郵撥帳號☞ 19735365　戶名：葉忠賢
法律顧問☞ 北辰著作權事務所　蕭雄淋律師
印　　刷☞ 科樂印刷事業股份有限公司
初版一刷☞ 2005 年 4 月
I S B N ☞ 957-818-715-7
定　　價☞ 新台幣 350 元
網　　址☞ http://www.ycrc.com.tw
E-mail ☞ service@ycrc.com.tw

總 經 銷☞揚智文化事業股份有限公司
地　　址☞台北市新生南路三段 88 號 5 樓之 6
電　　話☞（02）23660309
傳　　真☞（02）23660310

國家圖書館出版品預行編目資料

日本國政發展——軍事的觀點 / 張嘉中著. --
初版. -- 臺北市 : 生智, 2005[民 94]
面 ;　公分. -- （亞太研究系列 ; 24）
參考書目：面
ISBN 957-818-715-7（平裝）

1. 軍事 - 日本 - 歷史 2. 政治 - 日本

590.931　　94001335